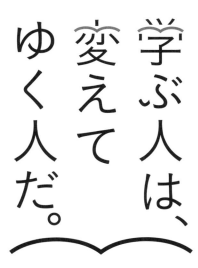

学ぶ人は、
変えて
ゆく人だ。

目の前にある問題はもちろん、

人生の問いや、

社会の課題を自ら見つけ、

挑み続けるために、人は学ぶ。

「学び」で、

少しずつ世界は変えてゆける。

いつでも、どこでも、誰でも、

学ぶことができる世の中へ。

旺文社

とってもやさしい

中1理科

これさえあれば
授業がわかる

改訂版

旺文社

は じ め に

　この本は，理科が苦手な人にも「とってもやさしく」理科の勉強ができるように作られています。

　中学校の理科を勉強していく中で，理科用語が覚えられない，図やグラフ，計算などがたくさんが出てきて難しい，と感じている人がいるかもしれません。そういう人たちが基礎から勉強をしてみようと思ったときに手助けとなる本です。

　『とってもやさしい理科　これさえあれば授業がわかる [改訂版]』では，本当に重要な用語や図にしぼり，それらをていねいにわかりやすく解説しています。また，1単元が2ページで，コンパクトで学習しやすいつくりになっています。

　左のまとめのページでは，図やイラストを豊富に用いて，必ずおさえておきたい重要なことがらだけにしぼって，やさしく解説しています。

　右の練習問題のページでは，学習したことが身についたかどうか，確認できる問題が掲載されています。わからないときはまとめのページを見ながら問題が解ける構成になっていますので，自分のペースで学習を進めることができます。

　この本を1冊終えたときに，みなさんが理科のことを1つでも多く「わかる！」と感じるようになり，「もっと知りたい！」と思ってもらえたらとてもうれしいです。みなさんのお役に立てることを願っています。

株式会社　旺文社

本書の特長と使い方

1単元は2ページ構成です。左のページで重要項目の解説を読んで理解したら，右のページの練習問題に取り組みましょう。

◆左ページ

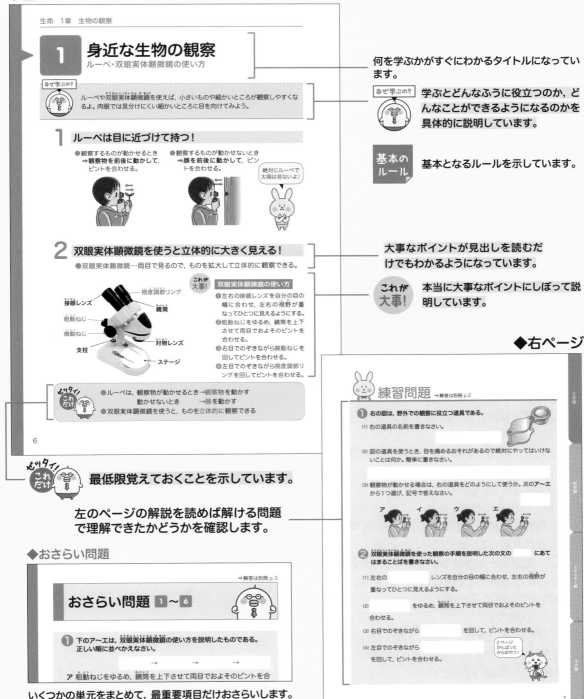

何を学ぶかがすぐにわかるタイトルになっています。

なぜ学ぶの？ 学ぶとどんなふうに役立つのか，どんなことができるようになるのかを具体的に説明しています。

基本のルール 基本となるルールを示しています。

大事なポイントが見出しを読むだけでもわかるようになっています。

これが大事！ 本当に大事なポイントにしぼって説明しています。

◆右ページ

最低限覚えておくことを示しています。

左のページの解説を読めば解ける問題で理解できたかどうかを確認します。

◆おさらい問題

いくつかの単元をまとめて，最重要項目だけおさらいします。覚えているかどうかしっかり確認できます。

Web上でのスケジュール表について

下記にアクセスすると1週間の予定が立てられて，ふり返りもできるスケジュール表（PDFファイル形式）を
ダウンロードすることができます。ぜひ活用してください。

https://www.obunsha.co.jp/service/toteyasa/

1 身近な生物の観察

ルーペ・双眼実体顕微鏡の使い方

なぜ学ぶの？

ルーペや双眼実体顕微鏡（そうがんじったいけんびきょう）を使えば，小さいものや細かいところが観察しやすくなるよ。肉眼では見分けにくい細かいところに目を向けてみよう。

1 ルーペは目に近づけて持つ！

●観察するものが動かせるとき
➡**観察物を前後に動かして，**ピントを合わせる。

●観察するものが動かせないとき
➡**顔を前後に動かして，**ピントを合わせる。

絶対にルーペで太陽は見ないよ！

2 双眼実体顕微鏡を使うと立体的に大きく見える！

●双眼実体顕微鏡…両目で見るので，ものを拡大して立体的に観察できる。

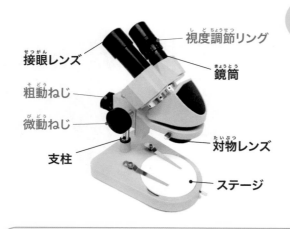

視度調節リング（しどちょうせつリング）

接眼レンズ（せつがん）

鏡筒（きょうとう）

粗動ねじ（そどう）

微動ねじ（びどう）

支柱

対物レンズ（たいぶつ）

ステージ

これが大事！

双眼実体顕微鏡の使い方

❶左右の接眼レンズを自分の目の幅に合わせ，左右の視野（しや）が重なってひとつに見えるようにする。

❷粗動ねじをゆるめ，鏡筒を上下させて両目でおよそのピントを合わせる。

❸右目でのぞきながら微動ねじを回してピントを合わせる。

❹左目でのぞきながら視度調節リングを回してピントを合わせる。

ゼッタイ！これだけ

●ルーペは，観察物が動かせるとき→観察物を動かす
　　　　　動かせないとき　　　　→顔を動かす

●双眼実体顕微鏡を使うと，ものを立体的に観察できる

練習問題 →解答は別冊 p.2

❶ 右の図は，野外での観察に役立つ道具である。

(1) 右の道具の名前を書きなさい。

(2) 図の道具を使うとき，目を痛めるおそれがあるので絶対にやってはいけないことは何か。簡単に書きなさい。

(3) 観察物が動かせる場合は，右の道具をどのようにして使うか。次の**ア～エ**から1つ選び，記号で答えなさい。

ア　　　　イ　　　　ウ　　　　エ

❷ 双眼実体顕微鏡（そうがんじったいけんびきょう）を使った観察の手順を説明した次の文の　　　　にあてはまることばを書きなさい。

(1) 左右の　　　　　　　　　レンズを自分の目の幅に合わせ，左右の視野（しや）が

重なってひとつに見えるようにする。

(2) 　　　　　　　　　をゆるめ，鏡筒（きょうとう）を上下させて両目でおよそのピントを

合わせる。

(3) 右目でのぞきながら　　　　　　　　　を回して，ピントを合わせる。

(4) 左目でのぞきながら　　　　　　　　　

を回して，ピントを合わせる。

2 ページ
がんばった
からおやつ！

2 果実をつくる花のつくり
被子植物

なぜ学ぶの？

似たような生物の特徴を調べていくと，グループ分けできるよ。グループ分けは全体を知るためにとても大事なんだ。まずは植物からだ。リンゴやモモなどの果実ができる植物に注目しよう。

1 果実ができる植物を被子植物という！

これが大事！
●被子植物…胚珠が子房の中にある植物。果実をつける。
└─「被」はおおわれているという意味。

例 アブラナ，エンドウ，サクラ，アサガオ，タンポポなど

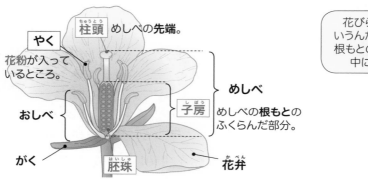

柱頭 めしべの**先端**。

やく
花粉が入っているところ。

めしべ
子房 めしべの**根もと**のふくらんだ部分。

おしべ

がく

胚珠

花弁

花びらは花弁っていうんだね。めしべの根もとの部分は子房，中には胚珠ね。

2 花粉が柱頭につくと果実や種子ができる！

これが大事！
●受粉…おしべの先のやくから出た花粉がめしべの先の柱頭につくこと。

受粉すると 胚珠は成長して種子 子房は成長して果実 になる。

胚珠 ─受粉→ 種子

子房 ─受粉→ 果実

種子は受粉しないとできない！

ゼッタイ！これだけ
●被子植物：子房がある→果実ができる
●受粉すると，子房→果実に，胚珠→種子になる

練習問題 →解答は別冊 p.2

① **次の文の ▢ にあてはまることばを書きなさい。**

(1) 胚珠（はいしゅ）が子房（しぼう）の中にある植物を, ▢ 植物という。

(2) 花粉がめしべの柱頭（ちゅうとう）につくことを, ▢ という。

(3) 受粉（じゅふん）すると, 胚珠は① ▢ に,

子房は② ▢ になる。

② **下の図は, アブラナの花のつくりを表したものである。**

(1) **ア〜キの名前をそれぞれ答えなさい。**

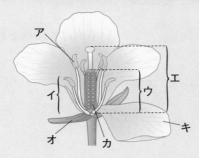

ア	▢	イ	▢
ウ	▢	エ	▢
オ	▢	カ	▢
キ	▢		

(2) 受粉後, 成長して種子（しゅし）になるのは上の図の**ア〜キ**のどこか。 ▢

(3) 受粉後, 成長して果実（かじつ）になるのは上の図の**ア〜キ**のどこか。 ▢

ごほうびは
マンガかなあ。

これも！プラス 花弁（かべん）のつき方によってさらに区別できる

●サクラのように, 花弁が**1枚1枚離れている花**を
離弁花（りべんか）といいます。

●アサガオのように, **花弁がくっついている花**を
合弁花（ごうべんか）といいます。

◀サクラ

◀アサガオ

3 果実をつくらない花のつくり
裸子植物

なぜ学ぶの？
まつぼっくりはマツの種子が集まったものなんだ。でもリンゴやモモのような果実はないね。ほかにどんなちがいがあるかを知って，植物のグループ分けにいかせるようにするよ。

1 マツの花には雌花と雄花がある！

これが大事！
● 裸子植物…子房がなく，**胚珠がむき出し**の植物。**雌花と雄花**がある。
└「裸」はむき出しという意味。

例 マツ，スギ，イチョウ，ソテツなど

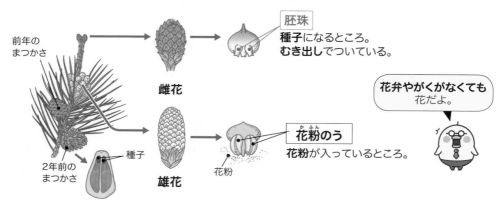

胚珠
種子になるところ。
むき出しでついている。

花弁やがくがなくても花だよ。

花粉のう
花粉が入っているところ。

前年のまつかさ
雌花
種子
2年前のまつかさ
雄花
花粉

2 被子植物と裸子植物の共通点はどちらも種子ができること！

● 種子植物…花がさき，種子をつくる植物。

これが大事！

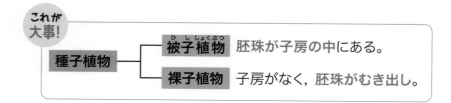

種子植物
┬ **被子植物** 胚珠が子房の中にある。
└ **裸子植物** 子房がなく，胚珠がむき出し。

● 裸子植物の胚珠→むき出し
● 種子植物：種子をつくってふえる植物→被子植物と裸子植物

練習問題 →解答は別冊 p.2

❶ 次の文の □□□□ にあてはまることばを書きなさい。

(1) マツの① □□□□□□ のりん片には，胚珠が② □□□□ でつ
いている。

(2) マツの① □□□□□□ のりん片には② □□□□□ があり，中に
花粉が入っている。

(3) 子房がなく，胚珠がむき出しの植物を □□□□□ という。

(4) 花がさき，種子をつくる植物を □□□□□ という。

❷ 右の図は，マツの花のつくりを模式的に示したものである。

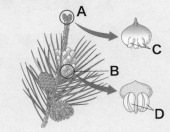

(1) **A，B**の名前をそれぞれ答えなさい。

A □□□□□□□□□

B □□□□□□□□□

(2) **C，D**の名前をそれぞれ答えなさい。

C □□□□□□□ D □□□□□□□

(3) 花粉がつくられるのは，**C，D**のどちらか。

□□□□□

(4) マツと同じようなつくりの花がさくのは，次の**ア〜エ**のどれか。すべて選び
なさい。

□□□□□

ア スギ
イ サクラ
ウ イチョウ
エ エンドウ

3単元もやったの。
天才!?

4 子葉，葉，根のつくり
双子葉類・単子葉類

なぜ学ぶの？

植物の花以外の部分のつくりを見ていくと，植物をさらにグループ分けできるよ。葉や根にどんなちがいがあるのか考えよう。

1 被子植物は2つに分けられる！

これが大事！

被子植物（ひししょくぶつ）┬ **双子葉類**（そうしようるい）　はじめに出てくる葉（子葉）が2枚。
　　　　　　　　　　　　　　　　　　└「双」は2つという意味。
　　　　　　　　　　　　　└ **単子葉類**（たんしようるい）　はじめに出てくる葉（子葉）が1枚。
　　　　　　　　　　　　　　　　　　└「単」は1つという意味。

2 双子葉類，単子葉類は葉や根でも見分けられる！

これが大事！

●**双子葉類の葉脈は網状脈（もうじょうみゃく），単子葉類の葉脈は平行脈（へいこうみゃく）。**

双子葉類　　　　　　　　　単子葉類

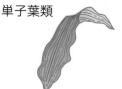

葉に見られるすじが葉脈だね。

葉脈は網（あみ）の目状。
➡網状脈

葉脈は平行に並ぶ。
➡平行脈

これが大事！

●**双子葉類の根は主根（しゅこん）と側根（そっこん）からなり，単子葉類の根はひげ根（ね）である。**

双子葉類　　　　　　　　　単子葉類　　　　ひげ根　たくさんの細い根。

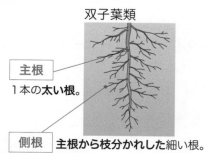

主根
1本の**太い根。**

側根　**主根から枝分かれした細い根。**

ゼッタイ！これだけ

●双子葉類：子葉→2枚，葉脈→網状脈，根→主根と側根
●単子葉類：子葉→1枚，葉脈→平行脈，根→ひげ根

練習問題 ➡解答は別冊 p.2

1 次の文の ☐ にあてはまることばを書きなさい。

(1) 子葉が2枚の植物を① ☐ ，子葉が1枚の植物を

② ☐ という。

(2) 双子葉類に見られる網の目状の葉脈を① ☐ ，単子葉類に

見られる平行に並んでいる葉脈を② ☐ という。

(3) 双子葉類の根は，① ☐ とよばれる1本の太い根と，そこか

ら枝分かれした② ☐ とよばれる細い根からなる。

(4) 単子葉類のたくさんの細い根は ☐ とよばれる。

2 右の表は，被子植物をなかま分けし，その特徴をまとめたものである。

(1) **あ**，**い**にあてはまることばを
書きなさい。

あ ☐

い ☐

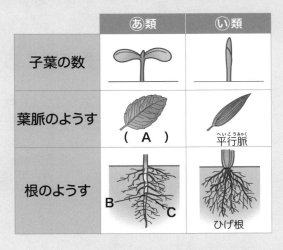

	あ類	**い**類
子葉の数		
葉脈のようす	（ A ）	平行脈
根のようす	B C	ひげ根

(2) **A〜C**にあてはまることばを書
きなさい。

A ☐

B ☐

C ☐

ひと休みして，ゲームでもやろう。

13

5 種子をつくらない植物
シダ植物・コケ植物

なぜ学ぶの？

日かげの湿ったところにはえている，シダのなかまやコケのなかまは，これまで見てきた種子植物とちがっているんだ。何がちがうのかを知って，種子植物とは別のグループをつくるよ。

1 シダ植物は種子をつくらず，胞子でふえる！

これが大事！

●シダ植物…胞子のうでつくられた胞子でふえる。葉，茎，根の区別がある。

例 イヌワラビ，スギナ，ゼンマイ，ノキシノブなど

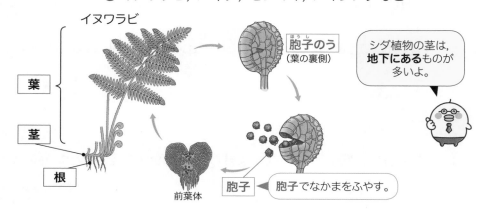

イヌワラビ

葉

茎

根

胞子のう（葉の裏側）

前葉体

胞子

胞子でなかまをふやす。

シダ植物の茎は，**地下にあるもの**が多いよ。

2 コケ植物も胞子でふえる！

これが大事！

●コケ植物…胞子のうでつくられた胞子でふえる。葉，茎，根の区別がない。

例 スギゴケ，ゼニゴケなど

スギゴケ

胞子のう

仮根
からだを支える。

雌株　雄株

コケ植物は日かげを好むものが多いよ。

ゼニゴケ

胞子のう

雄株　雌株

ゼッタイ！これだけ

●種子をつくらない植物→胞子でふえる

●葉・茎・根の区別がある→シダ植物，ない→コケ植物

練習問題 →解答は別冊 p.3

❶ 次の文の　　　　にあてはまることばを書きなさい。

(1) 種子をつくらない植物は，①　　　　　　　でつくられた

　　②　　　　　　　によってふえる。

(2) イヌワラビのような①　　　　　　　のなかまは，葉，茎(くき)，根の区別が

　　②　　　　　　　。

(3) スギゴケのような①　　　　　　　のなかまは，葉，茎，根の区別が

　　②　　　　　　　。

❷ 右の図は，イヌワラビのからだのつくりを表したものである。

(1) Aの部分を何というか。

(2) Aは，a〜dのどの部分にできるか。

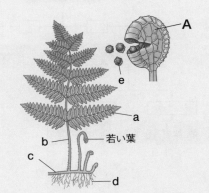

(3) Aでつくられるeは何か。

(4) 茎は，a〜dのどの部分か。

(5) イヌワラビなどの植物のなかまを何というか。

頭を使うと，甘いものが欲しくなるね！

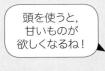

6 植物をなかま分けしよう
植物の分類

なぜ学ぶの?

植物は，花のつくりや葉脈のようす，根のようす，ふえ方で，似ているもの，ちがっているものがあったね。ここまで学んだ特徴をもとにして植物を分類すると，植物の世界の全体像が見えてくるよ。

基本のルール　**分類するときはまず1つの特徴に注目する!**

分類するときは，まず大きな特徴1つ（ここではふえ方）に着目するよ。その中でさらにグループ分けして，少しずつ細かくなかま分けしよう。

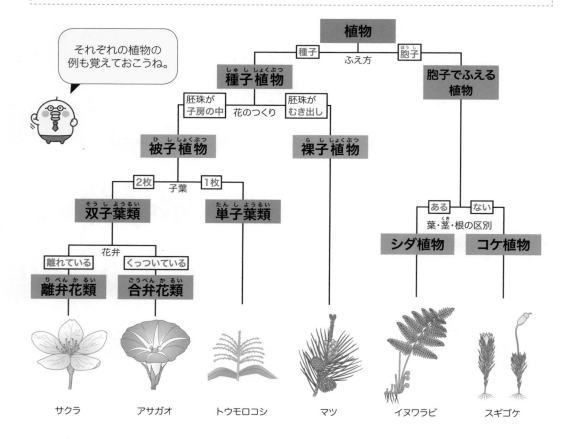

それぞれの植物の例も覚えておこうね。

植物

ふえ方　種子／胞子

種子植物　／　**胞子でふえる植物**

花のつくり　胚珠が子房の中／胚珠がむき出し

被子植物　／　**裸子植物**

子葉　2枚／1枚

双子葉類　／　**単子葉類**

花弁　離れている／くっついている

離弁花類　／　**合弁花類**

葉・茎・根の区別　ある／ない

シダ植物　／　**コケ植物**

サクラ　　アサガオ　　トウモロコシ　　マツ　　イヌワラビ　　スギゴケ

ゼッタイ! これだけ

●植物：種子植物と胞子でふえる植物に分けられる

●種子植物はさらに，被子植物と裸子植物，双子葉類と単子葉類，合弁花類と離弁花類に分けられる

練習問題 →解答は別冊 p.3

1 次の文の ☐ にあてはまることばを書きなさい。

(1) 植物は，種子（しゅし）でふえる① ☐ 植物と② ☐ でふえる植物に分けられる。

(2) 被子植物（ひししょくぶつ）は，子葉が2枚の① ☐ と子葉が1枚の② ☐ に分けられる。

(3) 双子葉類（そうしようるい）は，花弁（かべん）が1枚1枚離れた① ☐ と花弁がくっついた② ☐ に分けられる。

2 下の図は，植物を分類したものである。A〜Hにあてはまる特徴（とくちょう）を，次のア〜クから1つずつ選び，記号で答えなさい。

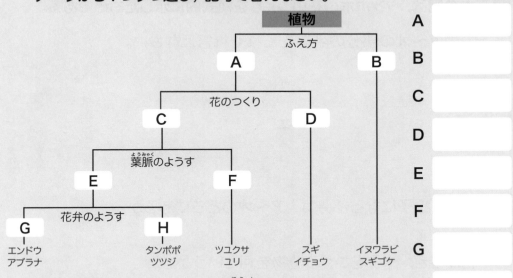

A	☐
B	☐
C	☐
D	☐
E	☐
F	☐
G	☐
H	☐

ア 種子でふえる。
イ 胞子（ほうし）でふえる。
ウ 網状脈（もうじょうみゃく）をもつ。
エ 平行脈（へいこうみゃく）をもつ。
オ 胚珠（はいしゅ）がむき出し。
カ 胚珠が子房（しぼう）の中。
キ 花弁がくっついている。
ク 花弁が1枚1枚離れている。

きりがいいから，ここまでにする？

おさらい問題 1 ～ 6

① 下のア～エは，双眼実体顕微鏡（そうがんじったいけんびきょう）の使い方を説明したものである。正しい順に並べかえなさい。

_____ → _____ → _____ → _____

ア 粗動（そどう）ねじをゆるめ，鏡筒を上下させて両目でおよそのピントを合わせる。

イ 右目でのぞきながら，微動（びどう）ねじを回してピントを合わせる。

ウ 左右の接眼（せつがん）レンズを自分の目の幅に合わせ，左右の視野が重なって見えるようにする。

エ 左目でのぞきながら，視度調節（しどちょうせつ）リングを回してピントを合わせる。

② 右の図は，タンポポの花のつくりを模式的に示したものである。

(1) 図の**ア～オ**の部分の名前をそれぞれ答えなさい。

ア _____　イ _____

ウ _____　エ _____

オ _____

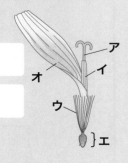

(2) 将来，種子（しゅし）になる部分は，**ア～オ**のどこにあるか。 _____

(3) 花がさき，種子をつくる植物を何というか。 _____

(4) タンポポのように，胚珠（はいしゅ）が子房（しぼう）の中にある植物のなかまを何というか。 _____

❸ **右の図は, スギゴケのからだのつくりを表したものである。**

(1) 雌株（めかぶ）は, **A, B**のどちらか。

A   B

(2) スギゴケは, 何によってなかまをふやすか。

(3) スギゴケの特徴（とくちょう）を, 次の**ア～エ**からすべて選び, 記号で答えなさい。

  ア 葉・茎（くき）・根の区別がある。   **イ** 葉・茎・根の区別がない。

  ウ 雌株に胞子（ほうし）のうができる。   **エ** 雄株（おかぶ）に胞子のうができる。

❹ **下の図のように, 植物を分類した。あとの問いに答えなさい。**

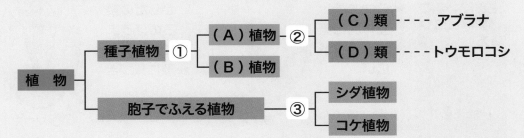

(1) **A～D**にあてはまることばをそれぞれ書きなさい。

A   B

C   D

(2) ①～③に入る特徴を次の**ア～ウ**から1つずつ選び, 記号で答えなさい。

             ①   ②   ③

  ア 子葉が1枚か2枚か。   **イ** 葉・茎・根の区別があるかないか。

  ウ 子房（しぼう）の有無。

7 動物のからだのつくりと生活

肉食動物と草食動物

なぜ学ぶの？

植物の次は動物に目を向けるよ。まずは，ライオンのようなほかの動物を食べる
肉食動物と，シマウマのような植物を食べる草食動物のからだのつくりのちがい
に注目しよう。

1 肉食動物と草食動物では目や歯のつくりもちがう！

	肉食動物	草食動物
生きるために必要な目のつき方	獲物をとらえる。 ➡ 獲物との距離をはかる必要がある。 ➡ 目は前向き。 ➡ 前向きだと**立体的に見える範囲が広い。** これが大事！ 両目で見える範囲 立体的に見える。 ライオン	敵から逃げる。 ➡ 広い範囲を見わたす必要がある。 ➡ 目は横向き。**からだの後ろのほうまで見える。** ➡ 敵に気づきやすい。 これが大事！ 広い範囲が見える。 シマウマ
食べ物と歯のようす	**ほかの動物**を食べる。 ➡ **獲物をとらえる**犬歯が発達。 犬歯 門歯 臼歯 ライオン	**植物**を食べる。 ➡ **葉をかみ切る門歯**とかたい**葉をすりつぶす臼歯**が発達。 犬歯 門歯 臼歯 シマウマ

ゼッタイ！これだけ

● 肉食動物：目→前向き，歯→獲物をとらえる犬歯が発達
● 草食動物：目→横向き，歯→葉をかみ切る門歯，葉をすりつぶす臼歯が発達

練習問題 →解答は別冊 p.4

❶ 次の文の ▢ にあてはまることばを書きなさい。

(1) ほかの動物を食べる動物を① ▢ ，植物を食べる動物を

② ▢ という。

(2) 肉食動物の目は① ▢ 向きにつき，立体的に見える範囲が

② ▢ 。

(3) 草食動物の目は① ▢ 向きにつき，② ▢ 範囲

を見わたせる。

(4) 肉食動物は ▢ が発達し，獲物をとらえるのに役立つ。

(5) 草食動物は，植物の葉をかみ切るのに役立つ① ▢ と，葉を

すりつぶすのに役立つ② ▢ が発達している。

❷ 右の図は，ライオンとシマウマの頭部を表している。

(1) a〜cの歯をそれぞれ何というか。

a ▢

b ▢

c ▢

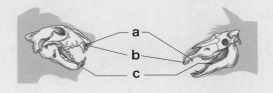

(2) 獲物をとらえるのに適した歯は，ライオンのa〜cのどれか。 ▢

(3) 葉をすりつぶすのに適した歯は，シマウマの
a〜cのどれか。 ▢

お肉と野菜，どっちも好きだなぁ。

8 背骨のある動物

セキツイ動物

なぜ学ぶの？

ヒトやイヌ，カエル，鳥，魚などいろいろな動物のからだの中心には，背骨（＝背中の骨）があるね。これらの動物をグループ分けしてみるよ。

1 背骨がある動物は5つのグループに分けられる！

●セキツイ動物…背骨がある動物。

　　　　　　　生活場所やふえ方，呼吸のしかた，体表のようすで，

　　　　　　　└─卵生と胎生がある。

　　　　　　　さらに5つに分けられる。

これが大事！

特徴	魚類	両生類	ハチュウ類	鳥類	ホニュウ類
生活場所	水中	子：水中 親：陸上	陸上（水中）	陸上	陸上（水中）
ふえ方	卵生				胎生
呼吸のしかた	えら	子：えらと皮膚 親：肺と皮膚	肺		
体表	うろこ	しめった皮膚	うろこやこうら	羽毛	毛
動物例	マグロ サメ コイ	カエル イモリ	ヤモリ カメ	カラス ツバメ ペンギン モズ	ネズミ ウサギ イルカ

●卵生…親が卵をうんで，**卵から子がかえる**ようなふえ方。

　　　魚類・両生類：**殻のない**卵（水中）

　　　ハチュウ類・鳥類：**殻のある**卵（陸上）

●胎生…母親の体内で**ある程度育ってから子が生まれる**ようなふえ方。

ゼッタイ！これだけ

●背骨がある：セキツイ動物

●ふえ方…卵をうむ：卵生→魚類，両生類，ハチュウ類，鳥類

　　　　　ある程度育った子をうむ：胎生→ホニュウ類

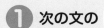
練習問題 →解答は別冊 p.4

① 次の文の◯◯◯にあてはまることばを書きなさい。

(1) 背骨がある動物をまとめて 　　　　　　　動物という。

(2) 卵から子がかえるようなふえ方を① 　　　　　　　，母親の体内である

程度育った子が生まれるようなふえ方を② 　　　　　　　という。

(3) 魚類は，一生① 　　　　　　　で呼吸する。両生類は，子は

② 　　　　　　　と皮膚，親は③ 　　　　　　　と皮膚で呼吸する。

(4) ハチュウ類，鳥類，ホニュウ類は，一生 　　　　　　　で呼吸する。

② 下の図は，セキツイ動物をいろいろな特徴で分類したものである。

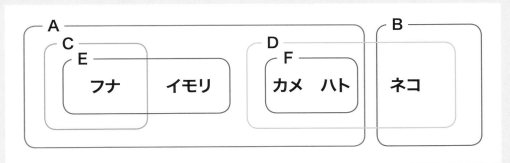

(1) A, Bには，ふえ方が入る。それぞれのふえ方を何というか。

A 　　　　　　　　　　B 　　　　　　　

(2) D, Eにあてはまる特徴を，次のア〜エ　　D 　　　　　E 　　　　
から1つずつ選び，記号で答えなさい。
　　ア 一生肺で呼吸する。
　　イ 体表がうろこでおおわれる。
　　ウ 殻のない卵をうむ。
　　エ 一生水中で生活する。

> ひと息ついて，
> なんか食べよう！
> もう食べているけど。

9 背骨のない動物
無セキツイ動物

なぜ学ぶの？

バッタやエビ，アサリには背骨がないという共通点があるよ。でも，これらの動物は見た目が全然ちがうね。背骨がない動物をグループ分けするよ。

1 背骨がない動物は無セキツイ動物！

● **無 セキツイ動物**…背骨のない動物。節足動物，軟体動物など。
　└ない。　└背骨のこと。　　　　　　　　　　　　　　　└ミミズなど。

これが大事！
● **節足動物**…無セキツイ動物のうち，からだやあしに**節がある**動物。
　　　　からだが**外骨格**とよばれるかたい殻でおおわれている。

例 **昆虫類**：バッタ・ハチのなかま　　　例 **甲殻類**：エビ・カニのなかま

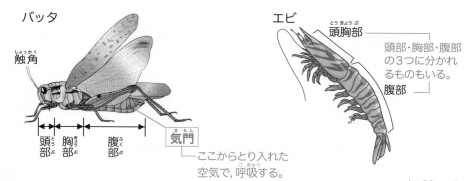

バッタ

触角

頭部　胸部　腹部　**気門**
└ここからとり入れた空気で，呼吸する。

エビ
頭胸部
頭部・胸部・腹部の3つに分かれるものもいる。
腹部

これが大事！
● **軟体動物**…無セキツイ動物のうち，あしが筋肉でできていて，内臓が**外とう膜**でおおわれている動物。

例 アサリ

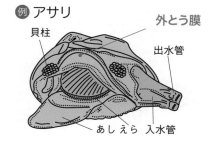

貝柱　　**外とう膜**
出水管
あし　えら　入水管

えらで呼吸するものが多いけど，マイマイは肺で呼吸するよ。

ゼッタイ！これだけ

● **背骨がない**：無セキツイ動物→節足動物や軟体動物など
● **節足動物**：からだ全体が**外骨格**でおおわれ，からだやあしに**節がある**
● **軟体動物**：内臓が**外とう膜**でおおわれている

練習問題 →解答は別冊 p.4

① 次の文の　　　　にあてはまることばを書きなさい。

(1) 背骨がない動物を　　　　　　　　動物という。

(2) からだやあしに節のある動物を①　　　　　　　　動物といい, からだが

② 　　　　　　　とよばれるかたい殻でおおわれている。

(3) 節足動物には, バッタやハチなどの①　　　　　　　　類やエビやカニな

どの② 　　　　　　　類などがいる。

(4) 内臓が外とう膜でおおわれている動物を　　　　　　　　動物という。

② 右の図は, バッタのからだのつくりを表している。

(1) A, Bの部分をそれぞれ何というか。

A 　　　　　　　　B 　　　　　　　

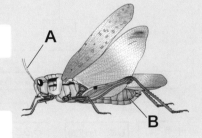

(2) Bは何をとり入れる部分か。

(3) バッタのからだをおおうかたい殻を何というか。

(4) 無セキツイ動物のうち, バッタのようなからだのつくりをした動物を何動物
というか。

(5) (4)に分類される動物を, 次の**ア～オ**からすべて選び
なさい。

ア エビ　　イ ミミズ　　ウ マイマイ
エ タコ　　オ ハチ

虫は苦手です…

10 動物をなかま分けしよう
動物の分類

なぜ学ぶの?

動物にはセキツイ動物 [p.22] と無セキツイ動物 [p.24] があり，それぞれの動物はさらにいろいろなグループに分けられたね。
動物を，さまざまな特徴をもとに分類して全体像に注目しよう。

**基本の
ルール**

動物はまず背骨があるかないかで見分ける！

背骨の有無で分けたあと，ふえ方や呼吸のしかた，からだの表面のようすなどによってさらに細かく分ける。

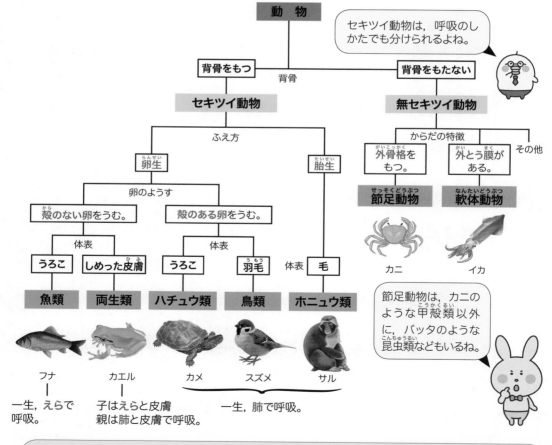

セキツイ動物は，呼吸のしかたでも分けられるよね。

動　物

背骨をもつ ── 背骨 ── 背骨をもたない

セキツイ動物　　　　　無セキツイ動物

ふえ方

卵生　　　　　　胎生

卵のようす

殻のない卵をうむ。　　殻のある卵をうむ。

体表

うろこ ｜ しめった皮膚 ｜ うろこ ｜ 羽毛 ｜ 体表 毛

魚類 ｜ 両生類 ｜ ハチュウ類 ｜ 鳥類 ｜ ホニュウ類

フナ　　カエル　　カメ　　スズメ　　サル

一生，えらで呼吸。

子はえらと皮膚
親は肺と皮膚で呼吸。

一生，肺で呼吸。

からだの特徴

外骨格をもつ。 ｜ 外とう膜がある。 ｜ その他

節足動物　　軟体動物

カニ　　イカ

節足動物は，カニのような甲殻類以外に，バッタのような昆虫類などもいるね。

ゼッタイ！これだけ

●セキツイ動物：魚類，両生類，ハチュウ類，鳥類，ホニュウ類
　　　　　　　　殻のない卵　　殻のある卵
　　　　　　　　　　　卵生　　　　　　　　胎生

練習問題 →解答は別冊 p.4

1 次の文の ___ にあてはまることばを書きなさい。

(1) 動物は，背骨をもつ① ___ 動物と

背骨をもたない② ___ 動物に分けられる。

(2) 無セキツイ動物でからだが外骨格でおおわれているのは① ___

動物，内臓が外とう膜でおおわれているのは② ___ 動物である。

2 下の図は，動物を分類したものである。A〜Hにあてはまる特徴を，あとのア〜クから1つずつ選び，記号で答えなさい。

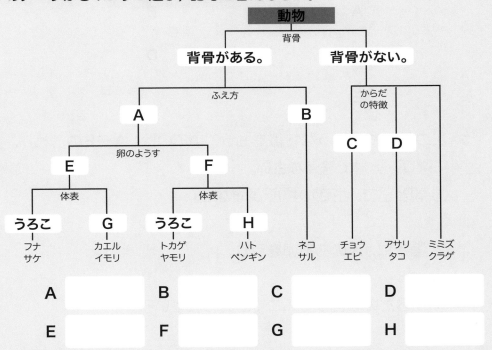

| A | | B | | C | | D | |
| E | | F | | G | | H | |

ア 胎生　　イ 卵生　　ウ 外とう膜

エ 外骨格　　オ しめった皮膚　　カ 羽毛

キ 卵に殻がある。　　ク 卵に殻がない。

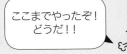
ここまでやったぞ！
どうだ！！

➡解答は別冊 p.4

おさらい問題 7～10

1 下の図は，背骨をもつ動物の骨格を表したものである。

(1) 背骨をもつ動物を何というか。

(2) A～Eのなかまをそれぞれ何類というか。

A

B

C

D

E

(3) 次の①～⑤のような特徴をもっているのは，A～Eのどれか。すべて選び，記号で答えなさい。

① 親と子で，生活の場所が異なる。

② 陸上に，殻のある卵をうむ。

③ からだの表面がうろこでおおわれている。

④ 一生，肺で呼吸する。

⑤ 母親の体内である程度育った子をうむ。

28

❷ 下の図は，無セキツイ動物を特徴によって分類したものである。

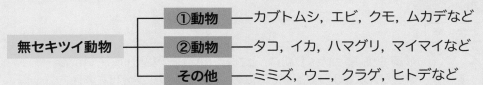

無セキツイ動物 ─┬─ **①動物** ── カブトムシ，エビ，クモ，ムカデなど
　　　　　　　　├─ **②動物** ── タコ，イカ，ハマグリ，マイマイなど
　　　　　　　　└─ **その他** ── ミミズ，ウニ，クラゲ，ヒトデなど

(1) ①，②にあてはまることばをそれぞれ答えなさい。

①　　　　　　　　　　　　②

(2) ①動物のからだやあしにあるくびれのようなものを何というか。

(3) ②動物には(2)はあるか，ないか。

(4) ①動物のカブトムシは昆虫類のなかまである。**ア〜エ**のうち，昆虫類の特徴として正しいものを1つ選び，記号で答えなさい。
　ア からだは頭胸部と腹部の2つに分かれている。
　イ からだは頭部，胸部，腹部の3つに分かれている。
　ウ からだは頭部と胴部の2つに分かれている。
　エ からだは頭部，胸部，胴部の3つに分かれている。

(5) ①動物のエビは何類のなかまか。

(6) ②動物のからだには，外骨格があるか，ないか。

(7) ②動物のハマグリはどこで呼吸をするか。

(8) ①動物のカブトムシのからだには，空気をとり入れるための穴がある。この穴を何というか。

11 物質の区別
物体と物質，有機物と無機物

砂糖や食塩，かたくり粉は，どれも白い粉末で見分けにくいよね。
まちがえないようにするためにも，もののグループ分けを考えていくよ。

1 ものは形と材料で区別することができる！

 物体…形で区別したときのもの。
物質…材料で区別したときのもの。

例 ガラスのびん ➡ ガラスが**物質**，びんが**物体**。

びんが**物体**。

ガラスが**物質**。

見た目が物体，
材料が物質
だね。

2 物質は炭素をふくむかどうかで分けられる！

 ●有機物…炭素をふくむ物質。
燃えると，二酸化炭素が発生し，
石灰水が白くにごる。
多くの有機物は水素もふくんでい
るので，燃えると水も発生する。

二酸化炭素は炭素
をふくむけど，
無機物だよ。

例 砂糖，かたくり粉，ろう，プラスチック，エタノールなど

 ●無機物…炭素をふくまない物質。加熱しても燃えないか，燃えても
二酸化炭素が発生しない。

例 食塩（塩化ナトリウム），鉄（スチールウール），ガラスなど

 ●物体：形で区別，物質：材料で区別
●有機物：炭素をふくむ，無機物：炭素をふくまない

練習問題 ➡解答は別冊 p.5

❶ 次の文の ＿＿＿ にあてはまることばを書きなさい。

(1) ガラスのびんの場合,「ガラス」のように材料でものを区別するときの名前

を① ＿＿＿＿＿＿ ,「びん」のように形で区別するときの名前を

② ＿＿＿＿＿＿ とよぶ。

(2) 炭素をふくむ物質を① ＿＿＿＿＿＿ , 炭素をふくまない物質を

② ＿＿＿＿＿＿ という。

(3) 有機物は, 加熱すると燃えて ＿＿＿＿＿＿＿＿＿ と水が発生する。

❷ 物質は, 有機物と無機物に分けられる。

(1) 有機物とは何をふくむ物質か。 ＿＿＿＿＿＿＿＿

(2) 次の**ア〜オ**の物質を, **有機物**と**無機物**に分け, 記号で答えなさい。

有機物 ＿＿＿＿＿＿＿＿

無機物 ＿＿＿＿＿＿＿＿

なんかあまいものが食べたいね！

ア 砂糖 **イ** 食塩 **ウ** 鉄
エ 小麦粉 **オ** ろう

これも！プラス **有機物と無機物を区別するには加熱する！**

●有機物…加熱すると二酸化炭素が発生します。

●無機物…加熱しても二酸化炭素は発生しません。

火を使う
ときは注意！

12 金属の見分け方
金属と非金属，密度

なぜ学ぶの？

なべやスプーンなど，金属（きんぞく）でできたものは身近にたくさんあるね。鉄は磁石（じしゃく）に引きつけられるけど，アルミニウムなどの金属は磁石に引きつけられないよ。金属に共通する性質を覚えて身近な金属を見つけよう。

1 物質は金属かそうでないかで分けられる！

● 金　属…例金，銀，銅，鉄，アルミニウム，鉛（なまり），亜鉛（あえん）など
● 非金属（ひきんぞく）…金属以外の物質。
　　　　　　　　例ガラス，プラスチック，木，ゴムなど

これが大事！

金属の性質

❶ 金属光沢（きんぞくこうたく）（特有のかがやき）をもつ。
❷ 電流を通しやすい（電気伝導性）。
❸ 熱を伝えやすい（熱伝導性）。
❹ のばしたり（延性（えんせい）），広げたり（展性（てんせい））できる。

2 物質は一定の体積あたりの質量で見分けられる！

● 密度（みつど）…物質 1 cm³ あたりの質量（しつりょう）。
　　　　単位はグラム毎立方センチメートル（**g/cm³**）。

これが大事！

$$密度〔g/cm^3〕 = \frac{物質の質量〔g〕}{物質の体積〔cm^3〕}$$

● **物質の種類**によって異なる。
● 水（密度1.00g/cm³）より
　密度が大きい物体は水に沈（しず）む。
　密度が小さい物体は水に浮（う）く。

密度が同じなら，同じ**物質**と考えることができるよ。

ゼッタイ！これだけ

● 金属の性質→金属光沢，電流を通しやすい，熱を伝えやすい
● 密度〔g/cm³〕：物質の質量〔g〕を物質の体積〔cm³〕でわったもの

練習問題 ➡解答は別冊 p.5

❶ 次の文の ▢ にあてはまることばを書きなさい。

(1) 金属は，① ▢ とよばれる特有のかがやきがあり，電流を

通し② ▢ ，熱を伝え③ ▢ 。

(2) 金属以外の物質を ▢ という。

(3) 密度は，物質 1 cm³ あたりの ▢ で，物質を見分けるときに

利用できる。

❷ 下の表は，物質A〜Dの体積と質量を調べたものである。

	A	B	C	D
体積 (cm³)	40	10	100	50
質量 (g)	108	193	92	448

(1) 下の式は，密度の求め方を表したものである。①，②にあてはまることば
を単位をふくめて書きなさい。

$$密度〔g/cm^3〕= \frac{物質の \boxed{①}}{物質の \boxed{②}}$$

① ▢

② ▢

(2) 物質A〜Dの密度をそれぞれ単位をつけて求めなさい。

A ▢   B ▢

C ▢   D ▢

(3) アルミニウムの密度は2.70g/cm³である。
アルミニウムでできていると考えられるのは，物質A〜Dのどれか。

▢

計算ってほんと大変…

13 気体の性質
酸素・二酸化炭素・アンモニア・水素など

なぜ学ぶの?

いろいろな気体があるけど，酸素や二酸化炭素，アンモニア，水素，窒素，塩化水素，この6つの気体は，理科の実験だけでなく，生活に役立っているものも多いから，覚えて見分けられるようにしよう。

1 気体の性質はにおいや水へのとけやすさなどをおさえる!

これが大事!

気体	におい	水へのとけやすさ	空気との密度の比較	その他の性質
酸素	ない	とけにくい	少し大きい	ものを燃やすはたらきがある。空気中に体積で約21%ふくまれる。
二酸化炭素	ない	**少しとける**	大きい	石灰水を白くにごらせる。ドライアイスは二酸化炭素の固体。水溶液（炭酸水）は酸性。
アンモニア	鼻をさすにおい	**非常にとけやすい**	**小さい**	有毒で，水溶液（アンモニア水）はアルカリ性。
水素	ない	とけにくい	非常に**小さい**	火をつけると，音を立てて燃え，水ができる。物質の中で**いちばん密度が小さい**。
窒素	ない	とけにくい	少し小さい	空気中に体積で約78%ふくまれる。
塩化水素	鼻をさすにおい	**非常にとけやすい**	大きい	有毒で，水溶液（塩酸）は酸性。

気体のにおいを調べるときは，手であおぐようにしてかぐんだ。

密度が空気より小さいということは軽いということだね。

全部覚えるの!?
※覚えましょう。

ゼッタイ! これだけ

●ものを燃やすはたらきがある→酸素
●石灰水を白くにごらせる→二酸化炭素

練習問題 →解答は別冊 p.5

❶ 次の文の ___ にあてはまることばを書きなさい。

(1) ___ には，ものを燃やすはたらきがある。

(2) ① ___ は，石灰水を② ___ にごらせる。
<u>└色を答える。</u>

(3) 二酸化炭素の水溶液は① ___ とよばれ，② ___ 性を示す。

(4) アンモニアは非常に水にとけ① ___ ，水溶液は
<u>└「やすく」「にくく」で答える。</u>
② ___ 性を示す。

(5) 水素は空気中で音を立てて燃え，___ ができる。

(6) ___ は，空気中に体積で約78%ふくまれている。

(7) 塩化水素の水溶液は① ___ とよばれ，② ___ 性を示す。

❷ 次のア〜オの気体について，下の問いに答えなさい。

　ア 水素　　イ 酸素　　ウ 窒素　　エ 二酸化炭素　　オ アンモニア

(1) 空気よりも密度が小さい気体をすべて選び，記号で答えなさい。

(2) 水にとけにくい気体をすべて選び，記号で答えなさい。

(3) 水溶液がアルカリ性を示す気体はどれか。
記号で答えなさい。

全部
覚えたぜ…

14 気体の集め方
水上置換法・上方置換法・下方置換法

なぜ学ぶの？

酸素や二酸化炭素，水素などの気体は，いろいろな薬品を使ってつくることができるよ。つくった気体は，その気体の性質によって集め方がちがうんだ。
集め方をまちがえると集められなくなってしまうよ。

1 気体の集め方は3つ！　気体の性質によって変える！！

これが大事！

●気体の集め方には3種類あり，集める気体によって使い分ける。

	水上置換法 （すいじょうちかんほう）	上方置換法 （じょうほうちかんほう）	下方置換法 （かほうちかんほう）
気体の 集め方	→気体 水	気体→　空気	→気体　空気
集める 気体の 性質	・水にとけにくい。 例 酸素，水素 　　二酸化炭素	・水にとけやすい。 ・空気より密度が 　小さい。 例 アンモニア	・水にとけやすい。 ・空気より密度が 　大きい。 例 二酸化炭素

●**最初に出てきた気体**には，装置内にあった空気を多くふくむので**集めない**。

気体のつくり方

うすい過酸化水素水
（オキシドール）
酸素
二酸化マンガン
酸素

うすい塩酸
二酸化炭素
石灰石（せっかいせき）
二酸化炭素

水素
うすい塩酸
マグネシウム
（鉄，亜鉛（あえん））
水素

ゼッタイ！これだけ

●水にとけにくい気体→水上置換法
●水にとけやすく，空気より密度が小さい気体→上方置換法
　　　　　　　　　　　密度が大きい気体→下方置換法

練習問題 →解答は別冊 p.6

❶ 次の文の ___ にあてはまることばを書きなさい。

(1) 水にとけにくい気体は ___ 置換法で集める。

(2) 水にとけやすい気体のうち，空気より密度の小さい気体は① ___

置換法，空気より密度の大きい気体は② ___ 置換法で集める。

(3) 最初に出てきた気体には，装置内にあった ___ が多くふくまれるので，集めない。

(4) 二酸化マンガンにうすい過酸化水素水を加えると① ___ が発

生し，石灰石にうすい塩酸を加えると，② ___ が発生する。

(5) 亜鉛にうすい塩酸を加えると，___ が発生する。

❷ 次のような実験を行い，発生した気体を集めた。

実験1：石灰石にうすい塩酸を加え，気体**A**を発生させた。
実験2：二酸化マンガンにうすい過酸化水素水を加え，気体**B**を発生させた。
実験3：亜鉛にうすい塩酸を加え，気体**C**を発生させた。

(1) 発生した気体**A〜C**はそれぞれ何か。

A ___   **B** ___   **C** ___

(2) 気体**B**，**C**の集め方として適切なものを，右の**ア〜ウ**から1つずつ選び，記号で答えなさい。   **B** ___   **C** ___

ア **イ** **ウ**

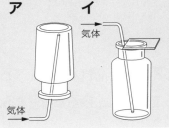
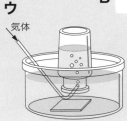

水は苦手です…

➡解答は別冊 p.6

おさらい問題 11〜14

1 次の品物について，**物体と物質**はそれぞれ何か。名前を書きなさい。

(1) 鉄でできたはさみ

物体 ⬚　　　　　　　物質 ⬚

(2) プラスチックでできたものさし

物体 ⬚　　　　　　　物質 ⬚

(3) ガラスでできたコップ

物体 ⬚　　　　　　　物質 ⬚

2 次のア〜カから，**金属**の性質を表しているものをすべて選び，記号で答えなさい。

ア 燃えやすい。　　**イ** のばしたり（延性），広げたり（展性）できる。

ウ 熱を通しやすい。　　**エ** 割れたり，折れたりしやすい。

オ 電流を通しやすい。　　**カ** 特有のかがやきがある。

⬚

3 次の2つの物質を区別するには，どのような方法があるか。もっとも適切な方法を下のア〜エから1つずつ選び，記号で答えなさい。

(1) 鉄と銅 ⬚　　　(2) 食塩と砂糖 ⬚

(3) 砂糖と小麦粉 ⬚

ア 磁石につくか調べる。　　**イ** 物質に電流が流れるか調べる。

ウ 水にとけるか調べる。　　**エ** 加熱して変化があるか調べる。

④ 下の表は，いろいろな物質の密度を表したものである。

物質	金	銅	鉄	アルミニウム	水	氷（0℃）
密度〔g/cm³〕	19.32	8.96	7.87	2.70	1.00	0.92

(1) 表の物質のうち，水に浮くものはどれか。すべて選び，名前を書きなさい。

(2) ある物質の体積は5.0cm³で，質量は44.8gであった。

① この物質の密度は何g/cm³か。

② この物質は，表のどの物質であると考えられるか。

⑤ 右の図のような装置で，酸素を発生させ，その性質を調べた。

(1) A，Bに入れる薬品を，次のア〜オから1つずつ選び，記号で答えなさい。

A   B

ア うすい塩酸　　イ うすい過酸化水素水　　ウ 石灰水
エ 亜鉛　　オ 二酸化マンガン

(2) 上の図のような気体の集め方を何というか。

(3) 酸素の性質を，次のア〜ウから1つ選び，記号で答えなさい。
ア 石灰水を白くにごらせる。
イ マッチの火を近づけると，音を立てて燃える。
ウ 火のついた線香を入れると，線香が激しく燃える。

15 物質が水にとけるようす

溶質・溶媒・溶液

なぜ学ぶの？

コーヒーシュガーが水にとけると，液全体が茶色になるよ。このとき，とけた物質はどのようになっているのかを理解するために，物質の粒でイメージできるようにするよ。

1 物質を水にとかしても物質の質量はなくならない！

●溶質…水にとけている物質。
　└ 溶けている物質なので「溶質」。

●溶媒…水のように，溶質をとかしている液体。

●溶液…溶質が溶媒にとけている液。
　└ 溶けている液なので「溶液」。
　溶媒が水の場合，**水溶液**という。

これが大事！

溶液の質量〔g〕＝溶媒の質量〔g〕＋溶質の質量〔g〕

2 溶液は透明で，濃さが均一！

●溶液は透明である。
　└ すけて見えるということ。

➡溶質をつくる物質の粒子ひとつひとつは小さくて目に見えないから。

●溶液の濃さはどの部分も均一。
➡溶質の粒子は一様に散らばるから。

色がついていても透明というよ。水は**無色透明**だよ。

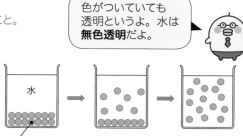

硫酸銅（青色）の粒子　　粒子が広がる。　　粒子が一様に広がり，全体が青色になる。

ゼッタイ！これだけ

●溶液＝溶質（とけているもの）＋溶媒（とかした液体）
●溶液の質量は，溶媒の質量と溶質の質量をたしたもの
●溶液：**透明で，濃さはどの部分も同じ**

練習問題 →解答は別冊 p.6

❶ 次の文の ___ にあてはまることばを書きなさい。

(1) 液体にとけている物質を ___ という。

(2) (1) をとかしている液体を ___ という。

(3) (2) が水の場合, (1) が (2) にとけている液を ___ という。

(4) 食塩水の場合, 溶質は① ___, 溶媒は② ___ である。

(5) 溶液中では, ① ___ の粒子が溶液全体に一様に広がるので, 溶液は② ___ で, 濃さは③ ___ になる。

❷ 硫酸銅を水にとかして, 水溶液をつくった。

(1) 硫酸銅水溶液は何色をしているか。 ___

(2) 硫酸銅水溶液の質量はどのように表されるか。「水の質量」「硫酸銅の質量」ということばを使って簡単に書きなさい。

硫酸銅水溶液の質量＝ ___

(3) 硫酸銅を水に入れてじゅうぶんに時間がたったときのようすは, 次の**ア〜ウ**のどれのようになるか。 ___

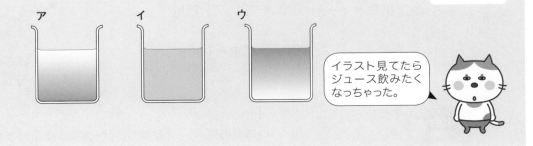

ア　　　　イ　　　　ウ

イラスト見てたら
ジュース飲みたく
なっちゃった。

41

16 濃さの表し方
質量パーセント濃度

なぜ学ぶの？

理科では，食塩水などの水溶液が濃いかうすいかは，感覚ではなく，数字で正確に表すんだ。水溶液の濃さは，割合を使うと客観的に表すことができるよ。

1 溶液の濃さは質量パーセント濃度で表す！

これが大事！

$$質量パーセント濃度〔\%〕 = \frac{溶質の質量〔g〕}{溶液の質量〔g〕} \times 100$$

└─ 全体に対する質量の割合をパーセントで表すという意味。

└─ パーセントなので100をかける。

$$= \frac{溶質の質量〔g〕}{溶媒の質量〔g〕+溶質の質量〔g〕} \times 100$$

$$溶質の質量〔g〕= 溶液の質量〔g〕\times \frac{質量パーセント濃度〔\%〕}{100}$$

例　水80gに食塩20gをとかした食塩水の質量パーセント濃度は？

解き方　$\dfrac{20g}{80g+20g} \times 100 = 20$　　よって，20%

例　10%の食塩水200gをつくるには，何gの食塩を何gの水にとかせばよいか？

解き方　必要な食塩の質量は，

$$200g \times \frac{10}{100} = 20$$　　よって，20g

溶媒の質量＝溶液の質量－溶質の質量だね。

必要な水の量は，200g－20g＝180g

ゼッタイ！これだけ

●質量パーセント濃度＝（溶質の質量）÷（溶液の質量）×100
　　　　　　　　　　＝（溶質の質量）÷（溶媒の質量＋溶質の質量）×100

練習問題 →解答は別冊 p.7

① 次の文の〔　　〕にあてはまることばを書きなさい。

(1) 溶液の質量に対する溶質の質量の割合を百分率で表したものを〔　　〕濃度という。

(2) 質量パーセント濃度 ＝ $\dfrac{① 〔\quad\quad\quad〕 の質量〔g〕}{② 〔\quad\quad\quad〕 の質量〔g〕} ×100$

　　＝ $\dfrac{③ 〔\quad\quad\quad〕 の質量〔g〕}{④ 〔\quad\quad\quad〕 の質量〔g〕 ＋ ⑤ 〔\quad\quad\quad〕 の質量〔g〕} ×100$

② 次のA～Eのうち，同じ質量パーセント濃度の食塩水はどれとどれか。記号で答えなさい。

A 食塩20gを水80gにとかした食塩水
B 食塩15gを水85gにとかした食塩水
C 食塩15gを水75gにとかした食塩水
D 食塩10gを水60gにとかした食塩水
E 食塩10gを水40gにとかした食塩水

〔　　　と　　　〕

③ 質量パーセント濃度について，次の問いに答えなさい。

(1) 30gの食塩を170gの水にとかしたときの質量パーセント濃度を求めなさい。

〔　　　　　〕

(2) 20%の食塩水250gをつくるには，何gの**食塩**を何gの**水**にとかせばよいか。

食塩 〔　　　　　〕

水 〔　　　　　〕

ジュースは100％がいいよね。

17 一定量の水にとける物質の量
溶解度

なぜ学ぶの？
溶質はどれだけ入れても無限にとけるわけではないよ。決まった量の水に、どれだけの溶質を入れたら、どれだけとけ残るか、計算で求められるようにするよ。

1 決まった量の水にとける溶質の量には限度がある！

●溶解度…水100gにとける物質の限度の量。**物質の種類や水の温度によって変化する。**物質を限度までとかすと<u>飽和水溶液</u>になる。
└─ 限度までとけている状態。

これが大事！ 溶解度曲線の読みとり

●溶解度曲線…溶解度と水の温度の関係を表したグラフ。

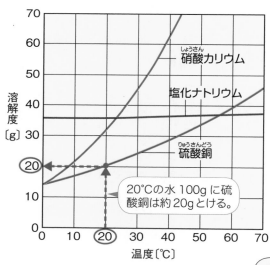

20℃の水 100g に硫酸銅は約20gとける。

例 20℃の水100gに、30gの硫酸銅を入れると、何gがとけ残るか？

解き方

グラフを見ると、水の温度が20℃のとき、硫酸銅は水100gに約20gとける。だからとけ残る硫酸銅の質量は、

30g−20g＝10g

塩化ナトリウム以外は、**水の温度が高いほど、溶解度が大きいね。**

ゼッタイ！これだけ
●溶解度：水100gにとける物質の限度の量
●溶解度→溶質や溶媒の種類、溶媒の温度で変わる

練習問題 ➡解答は別冊 p.7

❶ 次の文の ▢ にあてはまることばを書きなさい。

(1) ある溶質が限度までとけている状態を① ▢ といい，その状態にある水溶液を② ▢ という。

(2) 水100gに物質をとかして飽和水溶液にしたとき，とけた溶質の質量を ▢ という。

❷ 下の表は，硝酸カリウムの溶解度を表したものである。

水の温度〔℃〕	0	20	40	60	80	100
溶解度〔g〕	13.3	31.6	63.9	109.2	168.8	244.8

(1) 80℃の水100gに，硝酸カリウムは何gまでとかすことができるか。 ▢

(2) (1)のように，水などの溶媒に溶質が限度までとけている状態を何というか。 ▢

(3) 60℃の水100gに150gの硝酸カリウムを加えて，よくかき混ぜた。このとき，何gがとけ残るか。 ▢

 とけ残りをすべてとかすのに必要な水の量は？

●練習問題❷の(3)のとけ残りをすべてとかすために加える60℃の水は…

解き方 60℃の水100gには109.2gの硝酸カリウムがとけます。

40.8gの硝酸カリウムは109.2gの硝酸カリウムの $\dfrac{40.8}{109.2}$ 倍になるので，必要な水の質量は，100g× $\dfrac{40.8}{109.2}$ ＝37.3…より，38g

必要な水の量より少ないと，とけ残るよ。

18 とけた物質のとり出し方
ろ過・再結晶

なぜ学ぶの?
とけ残った物質と溶液を完全に分ける方法と，溶液からとけている物質（溶質）をとり出す方法を学ぶよ。方法がわかるとどれだけ得られるかもわかるようになるよ。

1 とけ残りと溶液を分けるにはろ過！

これが大事!
●**ろ過**…ろ紙などを使って，固体と液体を分けること。

とけ残りのある水溶液をろ過したとき，ろ過したあとの液は飽和水溶液。

ガラス棒

ガラス棒を伝わらせて，液を入れる。

ろ紙

ろうとのあしの**とがったほう**をビーカーにつける。

ろ過では，とけているものはとり出せないよ。

2 溶液からとけたものをとり出すには再結晶！

●**結　晶**…規則正しい形をした固体。

これが大事!
●**再結晶**…物質をいったん水にとかし，**温度を下げたり**，**溶媒を蒸発させ**たりして再びとり出す方法。

例 40℃の水100gに50gの硝酸カリウムをとかした。この水溶液を10℃まで冷やしたときに出てくる硝酸カリウムの質量は？

解き方
10℃での溶解度はグラフより22gなので，出てくる硝酸カリウムは，
50g−22g＝28g

とけきれない28gが結晶として出てくる。

あと約13gとける。

40℃の水にはすべてとけている。

溶解度〔g〕

温度を下げる

22g　50g

とけている硝酸カリウム

温度〔℃〕

●**ろ過**：**ろ紙を使って固体と液体を分ける**こと
●**再結晶**：温度を下げるまたは溶媒を蒸発させる

練習問題 →解答は別冊 p.7

① 次の文の ☐ にあてはまることばを書きなさい。

(1) ろ紙などを使って，固体と液体を分けることを ☐ という。

(2) ろ過するときは，液を ☐ を伝わらせて入れる。

(3) ろうとのあしの ☐ ほうを，ビーカーにつける。

(4) 右の写真のような規則正しい形をした固体を

☐ という。

(5) 物質をいったん水にとかし，温度を下げたり，
溶媒を蒸発させたりして再びとり出す方法を

☐ という。

② 下の表は，硝酸カリウムの溶解度を表したものである。

水の温度〔℃〕	0	10	20	40	60	80
硝酸カリウム〔g〕	13.3	22.0	31.6	63.9	109.2	168.8

(1) 80℃の水100gに100gの硝酸カリウムをとかした。この水溶液には，
あと何gの硝酸カリウムをとかすことができるか。

☐

(2) 60℃の水100gに80gの硝酸カリウムをとかした。この水溶液の温度を
10℃まで冷やすと，何gの硝酸カリウムが出てくるか。

☐

どうせなら
キラキラした結晶が
ほしいな。

➡️解答は別冊 p.7

おさらい問題 15〜18

❶ 下の写真は，硫酸銅（りゅうさんどう）を水にとかしたときのようすを表している。

(1) この場合の硫酸銅のように，液体にとけた物質（ぶっしつ）を何というか。

(2) この場合の水のように，物質をとかしている液体を何というか。

(3) 10gの硫酸銅を水100gにとかしたとき，何gの硫酸銅水溶液（すいようえき）ができるか。

(4) (3)の硫酸銅水溶液の質量（しつりょう）パーセント濃度（のうど）を求めなさい。答えは，小数第1位を四捨五入して，整数で求めなさい。

(5) 硫酸銅水溶液をラップフィルムでふたをして数日間放置すると，水溶液はどのようになっていると考えられるか。次のア〜エから1つ選び，記号で答えなさい。

ア 水溶液の上のほうは色が濃く，下のほうは色がうすい。
イ 水溶液の上のほうは色がうすく，下のほうは色が濃い。
ウ 全体に一様な色をしている。
エ 全体に色がうすくなり，やがて無色透明（とうめい）になった。

❷ **いろいろな濃さの食塩水をつくった。**

(1) 5gの食塩を水にとかして100gの食塩水をつくった。この食塩水の質量パーセント濃度を求めなさい。

(2) 20gの食塩を80gの水にとかした。この食塩水の質量パーセント濃度を求めなさい。

(3) 10%の食塩水を100gつくるには，何gの食塩を何gの水にとかせばよいか。

❸ **右の図は，100gの水にとける硝酸カリウムと塩化ナトリウム（食塩）の限度の質量と水の温度との関係を表したグラフである。**

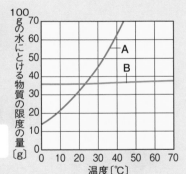

(1) 100gの水にとける物質の限度の質量のことを何というか。

(2) 溶質が限度までとけている水溶液を何というか。

(3) 塩化ナトリウムについて表しているのは，A・Bのどちらのグラフか。

(4) 水溶液の温度を下げることで，溶質をより多くとり出せるのは，A・Bのどちらか。

(5) (4)のようにして溶質をとり出すことを何というか。

19 状態変化と温度
状態変化・沸点と融点

水は0℃で固体（氷），100℃で沸とうして気体（水蒸気）になるんだ。温度を上げると，固体→液体→気体と変化するよ。このときのようすを，モデルを使って図で表し，物質を粒でイメージするとよりよく理科がわかるようになるよ。

1 物質の状態は，固体，液体，気体の3つ！

●状態変化…温度によって，物体の状態が変わること。

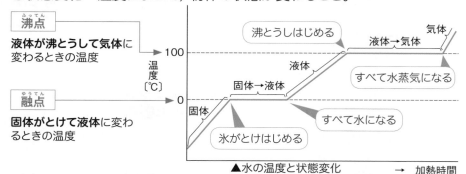

| 沸点 | 液体が沸とうして気体に変わるときの温度 |

| 融点 | 固体がとけて液体に変わるときの温度 |

▲水の温度と状態変化　　　→　加熱時間

2 状態変化で体積は変わるが，質量は変わらない！

これが大事！

状態変化によって，体積は変化するが質量は変わらない。
➡物質を粒子の集まりと見ると，状態変化では**粒子の並び方や運動のようすが変わる**が粒子の数は変わらないため。

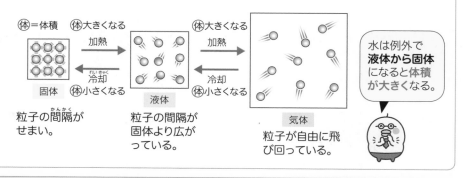

体＝体積　体大きくなる
加熱
固体　体小さくなる
粒子の間隔がせまい。

体大きくなる
加熱　　冷却
液体　体小さくなる
粒子の間隔が固体より広がっている。

気体
粒子が自由に飛び回っている。

水は例外で**液体から固体**になると体積が大きくなる。

●沸点：液体が沸とうする温度，融点：固体がとけるときの温度
●状態変化：温度によって固体⇄液体⇄気体と変化すること
●状態変化で体積→変化する，質量→変化しない

練習問題 →解答は別冊 p.8

① 次の文の ▢▢▢▢ にあてはまることばを書きなさい。

(1) 液体が沸とうして気体になるときの温度を ▢▢▢▢ という。

(2) 固体がとけて液体になるときの温度を ▢▢▢▢ という。

(3) 液体が気体になると，体積は ▢▢▢▢ なる。

(4) ふつう液体が固体になると体積が① ▢▢▢▢ なるが，水は例外で体積が② ▢▢▢▢ なる。

② 右の表は，いろいろな物質の融点と沸点を表したものである。

(1) パルミチン酸が固体から液体に変化するときの温度は何℃か。

▢▢▢▢

物質	融点〔℃〕	沸点〔℃〕
酸素	−219	−183
窒素	−210	−196
エタノール	−115	78
水	0	100
パルミチン酸	63	360

(2) 20℃で液体になっている物質をすべて選び，名前を答えなさい。

▢▢▢▢

考えすぎて頭が沸とうしそう〜！

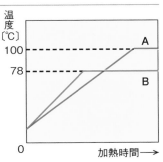

これも！プラス 物質の融点や沸点は，物質を区別するのに使える！

●融点や沸点は物質の種類によって決まっています。
　水：融点0℃，沸点100℃
　エタノール：融点−115℃，沸点78℃
●そのため，物質を区別するのに利用できます。たとえば，右の図なら，Aは水，Bはエタノールです。

20 混合物の分け方
純粋な物質と混合物，蒸留

固体がとけた溶液の場合，再結晶によってとけているものをとり出すことができるね[p.46]。でも，液体どうしを混ぜ合わせた液体を分けるには再結晶は使えないんだ。状態変化を使った方法で液体をとり出すよ！

1 水は純粋な物質，水溶液は混合物！

● 純粋な物質（純物質）…1種類の物質からできている。
● 混合物…2種類以上の物質からできている。水溶液など。

これが大事！ 混合物の沸点や融点は**一定にならない**。➡グラフは**水平にならない**。

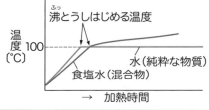

温度（℃）100

沸とうしはじめる温度

水（純粋な物質）

食塩水（混合物）

→ 加熱時間

純粋な水のグラフには水平な部分があるね。

2 状態変化を利用して混合物を分けることができる！

これが大事！ ● 蒸留…液体を沸とうさせ，出てくる気体を冷やして再び液体としてとり出す方法。**沸点のちがい**を利用している。

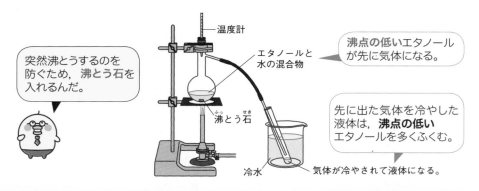

突然沸とうするのを防ぐため，**沸とう石**を入れるんだ。

温度計

エタノールと水の混合物

沸とう石

冷水

沸点の低いエタノールが先に気体になる。

先に出た気体を冷やした液体は，**沸点の低い**エタノールを多くふくむ。

気体が冷やされて液体になる。

ゼッタイ！これだけ

● 純粋な物質：1種類の物質，混合物：2種類以上の物質
● 混合物：沸点・融点が一定でない→グラフに水平な部分がない
● 蒸留：沸点の低い物質が先に出てくる

練習問題 →解答は別冊 p.8

❶ 次の文の ▢ にあてはまることばを書きなさい。

(1) 1種類の物質からできているものを① ▢ ，2種類以

上の物質からできているものを② ▢ という。

(2) ▢ の沸点や融点は一定の温度にならない。

(3) 液体を沸とうさせ，出てくる気体を冷やして再び液体としてとり出す方法

を ▢ という。

(4) 混合物を蒸留すると，沸点の ▢ 物質が先に出てくる。

❷ 右の図のような装置で，水とエタノールの混合物を加熱し，出てきた気体を冷やして液体にし，試験管に集めた。

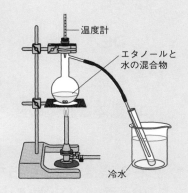

温度計

エタノールと水の混合物

冷水

(1) 右の図のようにして，混合物を分ける方法を
何というか。 ▢

(2) フラスコの中に液体といっしょに入れるもの
は何か。 ▢

これも！プラス **蒸留のとき，加熱時間によって得られる液体の成分が変わる！**

● 水（沸点100℃）とエタノール（沸点78℃）の混合物を
加熱すると，温度が右の図のように変化します。

● 右の図の場合，5〜10分にエタノールを多くふくむ液体，
15〜20分は水を多くふくむ液体が得られます。エタノ
ールを多くふくむ液体は火をつけると燃えます（火の扱
いには注意しましょう）。

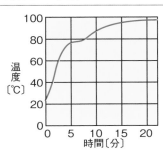

温度〔℃〕

時間〔分〕

→解答は別冊 p.8

おさらい問題 19〜20

1 右の図は，氷を加熱したときの温度変化を表したものである。

(1) ①・②の温度をそれぞれ何というか。

①
②

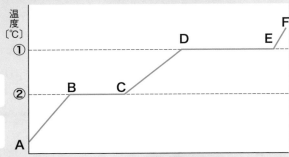

(2) 次の区間では，水はどのような状態になっているか。下の**ア〜オ**から1つずつ選びなさい。

① AB 　　② BC 　　③ CD

④ DE 　　⑤ EF

ア 気体のみ　　**イ** 液体のみ　　**ウ** 固体のみ
エ 気体と液体の混ざった状態　　**オ** 液体と固体の混ざった状態

2 右の表は，いろいろな物質の沸点と融点を表したものである。20℃のとき，気体・液体・固体の物質をそれぞれすべて選び，名前を書きなさい。

気体
液体
固体

物質	融点〔℃〕	沸点〔℃〕
酸素	−219	−183
エタノール	−115	78
水銀	−39	357
塩化ナトリウム	801	1485
鉄	1535	2750

❸ 下の図は，気体・液体・固体の粒子の集まり方を表したモデルである。

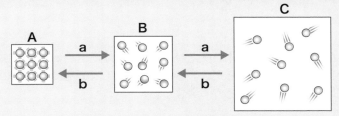

(1) A～Cは，それぞれ気体・液体・固体のどの状態を表しているか。

　　　　A ☐　　　　　B ☐　　　　　C ☐

(2) a，bは，それぞれ冷却・加熱のどちらを表しているか。

　　　　　　　　a ☐　　　　　　b ☐

(3) 状態が変化しても，物質の質量は変化しない。その理由を「粒子」ということばを使って簡単に書きなさい。

　☐

❹ 右の図のようにして，エタノールと水の混合物を加熱した。

(1) 急に沸とうするのを防ぐために入れるAを何というか。

　☐

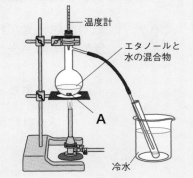

温度計

エタノールと水の混合物

A

冷水

(2) 最初に集めた液体には火がついた。この液体には，水とエタノールのどちらが多くふくまれているか。

　☐

(3) この実験では，エタノールと水の何のちがいによって，混合物を分けているか。

　☐

21 光の進み方
光の直進, 光の反射

なぜ学ぶの?

ものが見えるのは, 物体から光が出たり, 物体に当たった光がはね返ったりして, 光が目に入ってくるからだよ。ものが見えるしくみを知るために, まず光の進み方にはどんな特徴があるか考えよう。

1 光はまっすぐに進む!

これが大事!
光の**直進**…光が**まっすぐに進む**こと。
光源…みずから光を出しているもの。光源から出た光は**あらゆる方向**に広がりながら進む。
　　　└──進むときは直進!

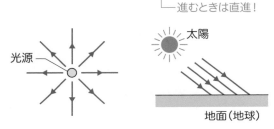

光源

太陽

地面(地球)

太陽は非常に遠くにあるので, 太陽から出た光は平行に進むように見えるよ。

2 光は鏡などに当たってはね返る!

これが大事!
光の**反射**…光が鏡などに当たってはね返る現象。
反射の法則…光が反射するとき, **入射角と反射角が等しくなる**こと。

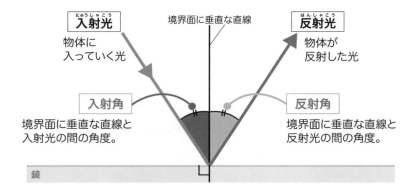

入射光
物体に入っていく光

境界面に垂直な直線

反射光
物体が反射した光

入射角
境界面に垂直な直線と入射光の間の角度。

反射角
境界面に垂直な直線と反射光の間の角度。

鏡

ゼッタイ! これだけ
●光の直進→光がまっすぐ進む
●光の反射→光がはね返る　反射の法則→入射角＝反射角

練習問題 →解答は別冊 p.9

① 次の文の _____ にあてはまることばを書きなさい。

(1) みずから光を出しているものを _____ という。

(2) 光源（こうげん）を出た光はまっすぐ進む。これを光の _____ という。

(3) 光が鏡などに当たってはね返ることを，光の _____ という。

(4) 鏡などの物体（ぶったい）に入っていく光を① _____ ，反射して出ていく光を② _____ という。

(5) 光が反射するとき，入射角（にゅうしゃかく）と反射角（はんしゃかく）は① _____ なる。これを② _____ の法則という。

② 右の図は，鏡に光が当たったときのようすを表したものである。

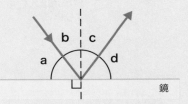

(1) 入射角と反射角は，それぞれ**a〜d**のどの角度か。

入射角 _____ 反射角 _____

(2) 入射角と反射角の間にはどのような関係があるか。 _____

気分転換に外に出て，太陽の光をあびよう！

_{これも！} **プラス** **表面ででこぼこした物体に光が当たると乱反射（らんはんしゃ）する！**

●表面ででこぼこした物体に光が当たったとき，**光がさまざまな方向に反射**することを**乱反射**といいます。

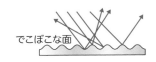

でこぼこな面

22 折れ曲がって進む光

光の屈折，全反射

なぜ学ぶの?

プールに立つと足が短く見えた，水の中の魚をとろうとしたら案外深くにいた，ということがあるよ。これは，光が曲がる屈折という現象のせいなんだ。屈折を理解すると，こうしたことがなぜ起こるかわかるよ。

1 光は異なる物質へ進むとき，境界面で折れ曲がる!

●光の屈折…光が異なる物質へ進むとき，その境界面で折れ曲がる現象。

これが大事! 空気中→水中　入射角＞屈折角

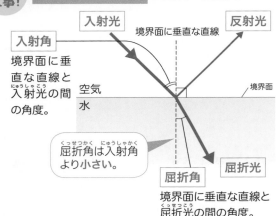

入射角…境界面に垂直な直線と入射光の間の角度。

屈折角は入射角より小さい。

屈折角…境界面に垂直な直線と屈折光の間の角度。

一部の光は反射するんだ。

これが大事! 水中→空気中　入射角＜屈折角

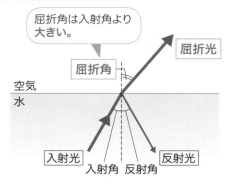

屈折角は入射角より大きい。

空気中→ガラス中，ガラス中→空気中のときも同じだよ。

ゼッタイ!これだけ ●空気→水：入射角＞屈折角，水→空気：入射角＜屈折角

練習問題 →解答は別冊 p.9

1 次の文の ☐☐☐ にあてはまることばや記号を書きなさい。

(1) 光が異なる物質へ進むとき，境界面で折れ曲がる現象を，
光の ☐☐☐☐☐ という。

(2) 光が空気中から水中やガラス中へ進むときは，屈折角①☐☐☐ 入射

角，光が水中やガラス中から空気中へ進むときは，屈折角②☐☐☐

入射角となる。

└─「＜」「＞」「＝」
　で答える。

2 図1は光が空気中から水中，図2は光が水中から空気中へ進んだときの
ようすを表したものである。

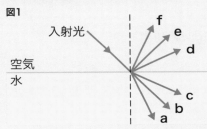

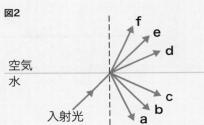

(1) 図1，図2で，境界面で反射した光はどのように進むか。a〜fの記号で答
えなさい。　　　　　　　　　　図1 ☐☐☐　　　　図2 ☐☐☐

(2) 図1，図2で，境界面で屈折した光はどのよ
うに進むか。a〜fの記号で答えなさい。

図1 ☐☐☐　　　　図2 ☐☐☐

頭を使ったら，
糖分をとった
ほうがいいよ。

これも！プラス ## 水→空気で，入射角が大きくなると全反射が起こる！

●光が水中やガラス中から空気中に進むとき，**入射角
がある角度以上になると**，すべての光が境界面で反
射するようになります。この現象を**全反射**といいます。
●光が空気中→水中と進むとき，全反射は起こりま
せん。

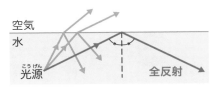

23 凸レンズを通った光の進み方
焦点と焦点距離

虫めがねなどの凸レンズを使って太陽の光などを集めると，火をおこせるんだ。このしくみがわかると，サバイバルにも役立ちそうだね。

1 ふちより中心が厚い凸レンズは光を集める！

これが大事！

● 光軸に平行な光を当てると，光は屈折して焦点に集まる。

└── 凸レンズの中心を通り，凸レンズの表面に垂直な直線。

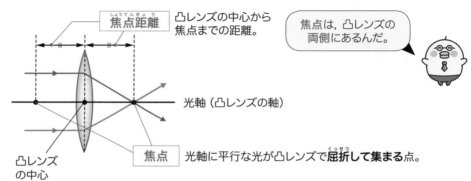

焦点距離 … 凸レンズの中心から焦点までの距離。

焦点は，凸レンズの両側にあるんだ。

光軸（凸レンズの軸）

凸レンズの中心

焦点 … 光軸に平行な光が凸レンズで屈折して集まる点。

2 凸レンズを通った光の進み方は3パターン！

これが大事！

❶光軸に平行な光
➡反対側の焦点を通る。

❷凸レンズの中心を通る光
➡そのまま直進する。

❸焦点を通る光
➡光軸に平行に進む。

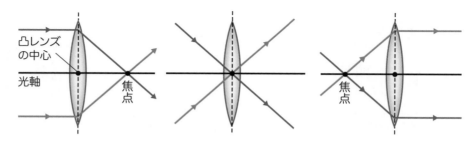

凸レンズの中心

光軸

焦点

焦点

ゼッタイ！これだけ

● 光軸に平行な光→反対側の焦点を通る
● 凸レンズの中心を通る光→直進
● 焦点を通る光→光軸に平行に進む

練習問題 →解答は別冊 p.9

① 次の文の 　　　　 にあてはまることばを書きなさい。

(1) 光軸に平行な光が凸レンズで屈折して集まる点を 　　　　　　　 という。

(2) 凸レンズの中心から焦点までの距離を 　　　　　　　 という。

② 下の図のような光は，凸レンズを通ったあと，それぞれどのように進むか。光の進み方として適切なものを，図中のa～cから1つずつ選び，記号で答えなさい。

(1) 光軸に平行な光

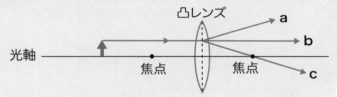

(2) 凸レンズの中心を通る光

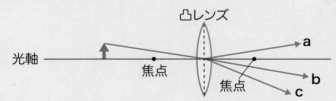

(3) 焦点を通ったあと，凸レンズに入る光

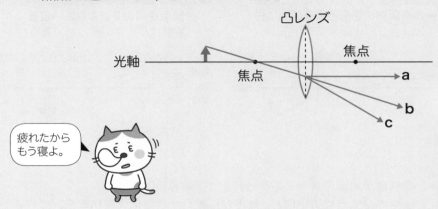

疲れたから
もう寝よ。

24 物体が焦点の外側にあるとき
実像

なぜ学ぶの？
遠くの景色を虫めがねで見ると，上下左右がさかさまに見えるよ。試してみてね。景色がさかさまに見える理由がわかると，望遠鏡やカメラのしくみがわかるようになるよ。

1 物体が焦点の外側にあるとき，スクリーン上に像ができる！

これが大事！
●実像…物体が凸レンズの焦点の外側にあるとき，光が集まってできる，物体と上下・左右が逆向きの像。

●焦点距離の2倍の位置 ➡ **焦点距離の2倍**の位置に，物体と同じ大きさの実像ができる。

> 実像は物体の反対側に置いたスクリーン上にできるんだね。

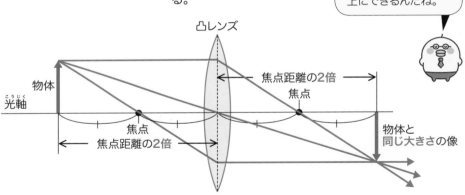

●焦点距離の2倍より遠い位置
➡**焦点距離の2倍と焦点の間**に物体より**小さい実像**ができる。

●焦点距離の2倍の位置と焦点の間
➡**焦点距離の2倍より遠い位置**に物体より**大きい実像**ができる。

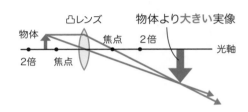

ゼッタイ！これだけ
●物体が焦点の外側にある→実像ができる
●物体が**焦点に近いほど，焦点から離れた位置に大きい実像**ができる

練習問題 →解答は別冊 p.9

1 次の文の ⬜ にあてはまることばを書きなさい。

(1) 物体が凸レンズの焦点の① ⬜ にあるとき，凸レンズを通った光が集まってできる，物体と上下・左右が逆向きの像を② ⬜ という。

(2) 物体の位置が焦点に近いほど，反対側の焦点から① ⬜ 位置に，② ⬜ 実像ができる。

2 下の図に示した ➡ は，物体から出た光が凸レンズまで進む道すじを示したものである。このとき，光の進む道すじを直線で，できる像を矢印で表しなさい。

(1)

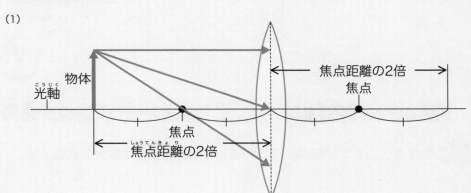

(2)

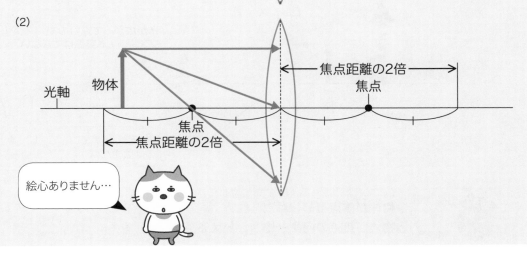

絵心ありません…

25 物体が焦点の内側にあるとき

虚像

なぜ学ぶの？

物体が焦点の外側にあるときは，スクリーン上に実像ができたね。物体が焦点上や焦点の内側にあるときはどんな像ができるかを調べると，虫めがねのしくみがわかるよ。

1 物体が焦点上にあると，すべての光は平行に進む！

●焦点上に物体があるとき➡像ができない。

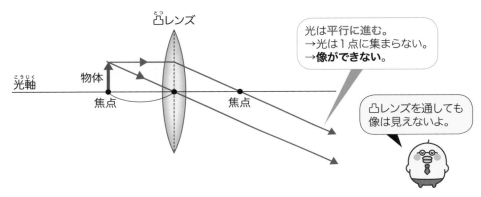

光は平行に進む。
→光は1点に集まらない。
→**像ができない。**

凸レンズを通しても像は見えないよ。

2 物体が焦点の内側にあると，凸レンズを通して虚像が見える！

これが大事！

●虚像…凸レンズを通して見える，物体と同じ向きの大きな像。
└─光が目に入って見える見かけの像で，光が集まって像ができるわけではない。

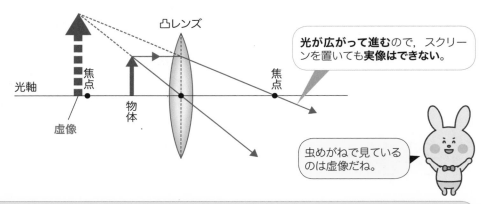

光が広がって進むので，スクリーンを置いても**実像はできない。**

虫めがねで見ているのは虚像だね。

ゼッタイ！これだけ

●物体が焦点上→像はできない
●物体が焦点の内側→虚像が見える

練習問題 →解答は別冊 p.9

1 次の文の ⬜ にあてはまることばを書きなさい。

(1) 物体が焦点上にあるとき，像は ⬜ 。

(2) 物体が焦点の① ⬜ にあるとき，凸レンズを通して見える，

物体と② ⬜ 向きの，物体より大きな像を③ ⬜

という。

2 右の図のような装置で，A〜Cの位置に物体を置いた。

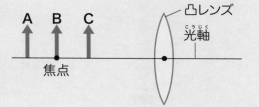

(1) 物体と反対側に置いたスクリーン上に像がうつるのは，物体をA〜Cのどの位置に置いたときか。

⬜

(2) (1) の像を何というか。

⬜

(3) 凸レンズを通して像が見えるのは，物体をA〜Cのどの位置に置いたときか。

⬜

(4) (3) の像を何というか。

⬜

(5) 次の文は，(4) の像について説明したものである。
①，②にあてはまることばを答えなさい。
物体と ① 向きの，物体より ② 像が見える。

① ⬜

② ⬜

うそはつきません。
自分，正直者なんで。◀

26 音の伝わり方
音の振動

音が出ているスピーカーにふれると，ふるえていることがわかるよ。このふるえが音の正体だよ。空気中を伝わっていく音の速さを求められるようになると，雷がどのあたりで発生したかわかるよ。

1 音は振動で，波として伝わる！

● **音源（発音体）**…振動して音を出しているもの。
● **波**…空気や水の中を振動が次々と伝わっていく現象。

音源の振動を止めると音も止まるよ。

空気などを振動させて伝わる。

音源は振動している。

2 音が伝わる距離を伝わる時間でわったものが音の速さ！

これが大事！

$$音の速さ〔m/s〕 = \frac{音が伝わる距離〔m〕}{音が伝わる時間〔s〕}$$

速さは，**進んだ距離をかかった時間でわった**ものだったね。

例 いなずまが見えてから音が聞こえるまでに5秒かかった。このとき，雷が発生した場所から観測場所までの距離を1700mとすると，音が伝わる速さは何m/s？

解き方 1700m進むのに5秒かかったので，

音の速さを求める式にあてはめて，$\dfrac{1700m}{5s}=340m/s$

ゼッタイ！これだけ

● 音→空気や水の振動：波として伝わる。
● 音の速さ＝音が伝わる距離÷音が伝わる時間

練習問題 →解答は別冊 p.10

① 次の文の ☐ にあてはまることばを書きなさい。

(1) 音を出しているものを ☐ という。

(2) 音を出しているものは ☐ している。

(3) 音源の振動は，空気などを① ☐ させて伝わっていく。この
ような現象を② ☐ という。

(4) 音源の振動を止めると，音も ☐ 。

② いなずまが見えてから音が聞こえるまでにかかった時間をはかると，15
秒であった。

(1) 音が伝わる速さを340m/sとすると，いなずままでの距離は何mか。

☐

(2) いなずままでの距離が1700mの地点では，
いなずまが見えてから何秒後に音が聞こえ
るか。

☐

雷，大嫌い！

これも！プラス 真空中では音が伝わらない。

● 真空ポンプで空気をぬいていくと，ベルの音が
だんだん小さくなる。

● 真空に近い状態になると，ベルの音がほとんど
聞こえなくなる。

▲真空容器中のベルの音

27 音の大きさと高さ
振幅と振動数

なぜ学ぶの？

たいこをたたく強さを変えると音の大きさが変わるね。ギターやバイオリンは細い弦のほうが高い音が出るんだ。音の大きさや高さを変える方法がわかると，楽器のしくみがわかるよ。

1 弦を強くはじくと大きな音が，弦が短いと高い音が出る！

●振幅…物体の振動のふれ幅。
●振動数…物体が１秒間に振動する
　　　　　回数。
　　　　　単位はヘルツ（Hz）。

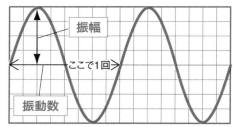

これが大事！ 振幅→音の大きさ，振動数→音の高さ

●音の大きさ

例 弦を強くはじく➡振幅が大きくなり，**音が大きくなる。**

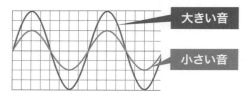

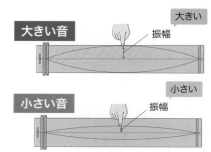

●音の高さ

例 ❶弦を短くする，❷弦を強く張る，❸弦を細くする。
➡振動数がふえ，**音は高くなる。**

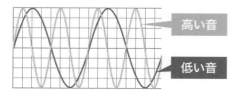

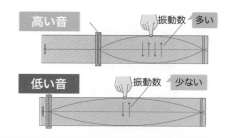

ゼッタイ！これだけ
●振幅⑨→大きな音，振幅⑩→小さな音
●振動数⑨→高い音，振動数⑩→低い音

練習問題 →解答は別冊 p.10

① 次の文の ▢ にあてはまることばを書きなさい。

(1) 物体の振動のふれ幅を ▢ という。

(2) 物体が１秒間に振動する回数を① ▢ といい，単位は

② ▢ （Hz）である。

(3) 振幅が大きいほど，音は ▢ なる。

(4) 振動数が多いほど，音は ▢ なる。

② 図１のようなモノコードの弦を何度か振動させ，それぞれオシロスコープで観察すると，図２のようになった。

図1

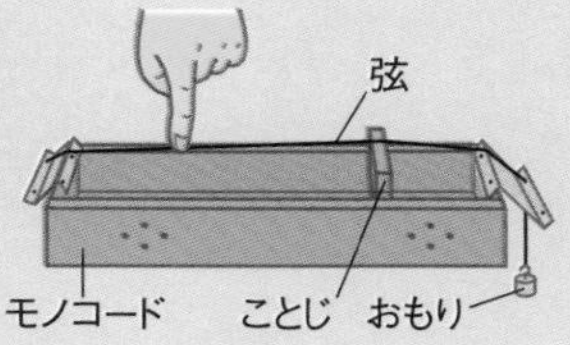

弦

モノコード　ことじ　おもり

(1) **図2**の**ア**と同じ大きさの音が出ているものを，**イ～エ**から１つ選び，記号で答えなさい。

▢

(2) **図2**の**ア**と同じ高さの音が出ているものを，**イ～エ**から１つ選び，記号で答えなさい。

▢

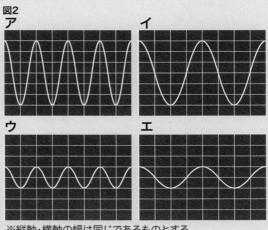

図2

ア　イ　ウ　エ

※縦軸・横軸の幅は同じであるものとする。

(3) **図1**のことじを左に動かして弦を振動させると，音の高さはどのようになるか。

▢

なんだかゲームしたくなった～

➡解答は別冊 p.10

おさらい問題 21〜27

❶ 下の図は，水中の光源からア〜ウの矢印の向きにそれぞれ光を出した図である。 ☐ にあてはまることばを書きなさい。

(1) 入射光**ア**が水面から出るときの光の矢印は ☐ 。

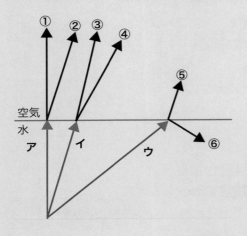

(2) 入射光**イ**が水面から出るときの光の矢印は ☐ 。

(3) 入射光**ウ**が水面から進む方向の光の矢印は ☐ 。

(4) 入射光**ウ**のように光が進む現象を，

☐

という。

❷ 右の図の①〜③の位置に，光源をそれぞれ置いたときのようすとして正しいものを，次のア〜ウから1つずつ選び，記号で答えなさい。

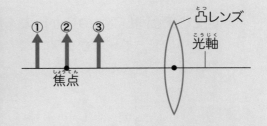

ア 実像ができる。

イ 実像はできない。凸レンズを通して虚像が見える。

ウ 実像はできない。虚像も見えない。

① ☐　　② ☐　　③ ☐

70

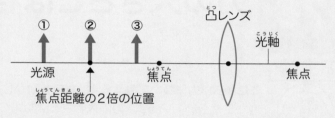

❸ 右の図の①～③の位置に光源を置いたとき，スクリーン上にできた像の大きさと像ができる位置はそれぞれどうなるか。像の大きさを**ア～ウ**から，像ができる位置を**a～c**から1つずつ選び，記号で答えなさい。

〔像の大きさ〕

ア 光源より大きい

イ 光源より小さい

ウ 光源と同じ大きさ

〔像ができる位置〕

a 焦点距離の2倍の位置

b 焦点と焦点距離の2倍の間の位置

c 焦点距離の2倍より遠い位置

① 像の大きさ ☐　　できる位置 ☐

② 像の大きさ ☐　　できる位置 ☐

③ 像の大きさ ☐　　できる位置 ☐

❹ 図1のように，マイクロホンをつないだコンピュータを使って，モノコードのいろいろな音の波形を調べた。図2はその結果である。

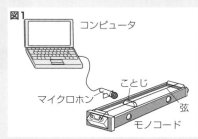

(1) 次の①，②のときの波形を**イ～エ**からすべて選び，記号で答えなさい。

① **ア**よりも弦を弱くはじいたとき。 ☐

② **ア**よりも太い弦を使ったとき。

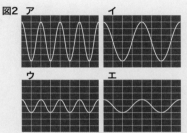

※縦軸・横軸の幅は同じであるものとする。

(2) モノコードの音は，何を伝わって耳までに届くか。 ☐

28 力の大きさとばねののび
フックの法則

なぜ学ぶの？　ここからは力について考えるよ。ものを動かしたり，形を変えたりするとき，必ず力がはたらいているよ。力の大きさとばねののびの関係がわかると，力のはたらきをイメージしやすくなるよ。

1 力のはたらきは3つ！

❶物体を変形させる。　❷物体を支える。　❸物体の動き（速さや向き）を変える。

2 ばねののびはばねを引く力の大きさに比例する！

これが大事！
- **フックの法則**…ばねののびは，ばねを引く**力の大きさに比例**する。力が2倍，3倍，…になればばねののびも2倍，3倍になる。
- **ニュートン（N）**…1Nは約100gの物体にはたらく重力の大きさ。

力の大きさとばねののびを調べる実験

50gのおもり

ばねののび

ばねののび

ばねが変形しているので，力がはたらいている。

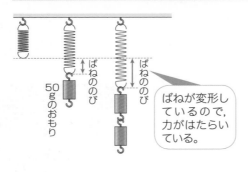

原点を通る直線＝比例の関係

1Nの力が加わると，6cmのびる。

原点

ばねののび〔cm〕

力の大きさ〔N〕

ゼッタイ！これだけ

- ●力のはたらき：物体を変形させる，物体を支える，物体の動きを変える
- ●力の大きさの単位：ニュートン（記号N）
- ●フックの法則：ばねののびは力の大きさに比例

練習問題 →解答は別冊 p.11

❶ 次の文の ☐ にあてはまることばを書きなさい。

(1) 力のはたらきは,「物体を① ☐ させる」「物体を

② ☐ 」「物体の③ ☐ を変える」の3つである。

(2) ばねののびは, ばねを引く力の大きさに ☐ する。

(3) (2)を ☐ の法則という。

(4) 力の大きさは ☐ (N)という単位で表される。

(5) 1Nは約 ☐ gの物体にはたらく重力と等しい。

❷ フックの法則を使って, 次の問いに答えなさい。ただし, 100gの物体にはたらく重力の大きさを1Nとする。

(1) 1Nの力を加えると2cmのびるばねがある。
① このばねに10Nの力を加えたとき, ばねののびは何cmになるか。

☐

② このばねが6cmのびたとき, 加えた力は何Nか。

☐

③ このばねにあるおもりをつるしたところ, ばねが8cmのびた。このおもりは何gか。

☐

(2) 1Nの力を加えると3cmのびるばねがある。力を加えないときのばねの長さは10cmであった。このばねに6Nの力を加えたとき, ばねの長さは何cmになるか。

☐

問題,
出すよねぇ…

29 重力の大きさと質量
重さと質量

なぜ学ぶの？

重力は地球が物体を引く力のことだよ。では月に行ったら重力はどうなるんだろう。将来，宇宙旅行に行くときのために予習しておこう。

1 ばねばかり→重さ〔N〕，上皿てんびん→質量〔g, kg〕！

これが大事！ 重さと質量のちがい

	重さ	質量
表すもの	はたらく重力の大きさ	物体そのものの量
場所によって	変化する	変化しない
はかる器具	ばねばかりや台ばかり	上皿てんびん
単位	ニュートン（N）	グラム(g)，キログラム(kg)など

● 重さ…物体にはたらく**重力の大きさ**。**場所によって変化する。**
● 質量…物体そのものの量。**場所によって変化しない。**

これが大事！ 例 月では**重さは約$\frac{1}{6}$になるが，質量は同じ。**

└─ 月の重力は地球の約$\frac{1}{6}$。

重さは約$\frac{1}{6}$に。

同じ分銅とつり合う。→質量は変わらない。

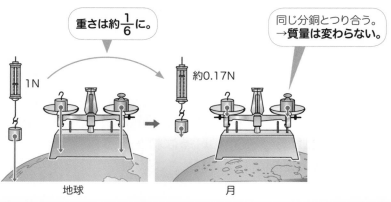

1N　　約0.17N

地球　　　　　　　月

ゼッタイ！これだけ

● 質量：物体そのものの量→場所によって変化しない
● 重さ：はたらく重力の大きさ→場所によって変化する

練習問題 ➡解答は別冊 p.11

❶ 次の文の □ にあてはまることばを書きなさい。

(1) 物体にはたらく重力の大きさを □ という。

(2) 物体そのものの量を □ という。

(3) ばねばかりや台ばかりではかることができるのは① □ ，

上皿てんびんではかることができるのは② □ である。

(4) ① □ の単位はニュートン（N），② □ の単位

はグラム（g），キログラム（kg）などである。

(5) ① □ は場所によって変化するが，② □ は場

所によって変化しない。

❷ 地球上で質量600gの物体を月に持っていったとする。ただし，地球上で100gの物体にはたらく重力を1Nとし，月の重力は地球の重力の $\frac{1}{6}$ とする。

(1) 地球上では，この物体の重さは何Nか。

(2) 月面上で，この物体をばねばかりではかった値を求めなさい。

(3) (2)の値は，重さ，質量のどちらを表しているか。

(4) 月面上で，この物体を上皿てんびんではかった値を求めなさい。

(5) (4)の値は，重さ，質量のどちらを表しているか。

月に行ったら，やせられる？？

30 力の表し方
作用点・力の大きさ・力の向き

物体に加える力の大きさや向きなどによって, 物体の動き方が変わるよ。
力のはたらきを知るために, まずは力の表し方を覚えよう。

1 力には3つの要素がある!

●**力の三要素**…**作用点**（力のはたらく点）, **力の大きさ**, **力の向き**。

これが大事!

力の矢印のかき方…作用点を●, 大きさと向きを矢印で表す。

❶「●」を使って作用点を表す。
❷作用点から力がはたらいている向きに矢印をかく。
❸矢印の長さは, 力の大きさに比例させる。

作用点 ＝矢印の始点

力の向き ＝矢印の向き

力の大きさ ＝矢印の長さ

例 面をおす力の表し方

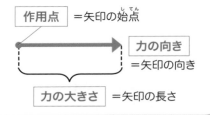

面にはたらく力は, 面の中心を作用点として, 1本の矢印で表す。

例 200gのボールにはたらく重力の表し方
1Nの力を1cmの長さの矢印で表すと…

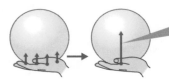
200gのボール

重力の場合, 作用点は物体の中心

重力は, 物体の中心を作用点として, 1本の矢印で表すんだ。

重力なので, 力の向きは下向き

2cm

200gなので, 力の大きさは約2N, 長さは2cm

ゼッタイ! これだけ

●力の三要素:作用点, 大きさ, 向き。まとめて矢印で表す
●力の矢印:矢印の始点→作用点, 向き→力の向き, 長さ→力の大きさ
●重力を表すときの作用点は物体の中心

練習問題 →解答は別冊 p.11

① **次の文の　　　　　にあてはまることばを書きなさい。**

(1) 力がはたらく点を　　　　　　　という。

(2) 力の三要素とは，①　　　　　　　，力の大きさ，②　　　　　　　である。

(3) 力を矢印で表すとき，力の向きは矢印の①　　　　　　　，力の大きさは矢印の②　　　　　　　で表す。

(4) 1Nの力の大きさを1cmの矢印で表すとき，10Nの力の大きさは　　　　　　　の矢印で表される。

(5) 重力は，物体の　　　　　　　を作用点として，1本の下向きの矢印で表す。

② **1Nの力の大きさを1cmとするとき，次の場合に物体にはたらく力を，●を力のはたらく点として矢印で表しなさい。ただし，1Nの力は100gの物体にはたらく重力と同じ大きさとする。**

(1) 300gの物体にはたらく重力　　　　　(2) 物体を4Nの力でおすときの力

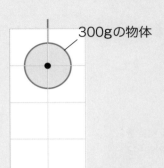

300gの物体

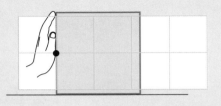

力を出すためにまずはエネルギーを…

1つの物体にはたらく2つの力

力のつり合い

つな引きでは，つなの両端に大きな力がはたらいているのに，ほとんど動かないことがあるね。このとき，つなにはたらいている力の特徴がわかれば，運動大会でも活躍できそうだ！

1 物体が動かないとき，力はつり合っている！

●**力のつり合い**…1つの物体に2つ以上の力がはたらいていて，その物体が静止しているとき，物体にはたらく力がつり合っているという。

これが大事！

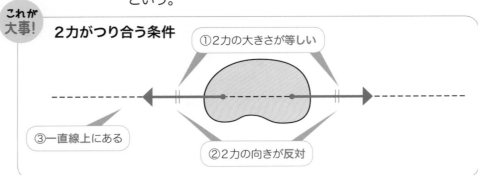

2力がつり合う条件
①2力の大きさが等しい
②2力の向きが反対
③一直線上にある

例 台に物体がのっているとき

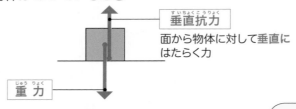

垂直抗力
面から物体に対して垂直にはたらく力

重力

例 台にのった物体をおしても，物体が動かないとき

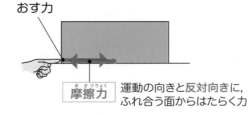

おす力

摩擦力　運動の向きと反対向きに，ふれ合う面からはたらく力

垂直抗力や摩擦力の作用点は，接する面の中心だよ。

ゼッタイ！これだけ

●2力のつり合い：力の大きさ→等しい，力の向き→反対向き，一直線上にある
●つり合う2力の例：重力と垂直抗力，おす力と摩擦力

練習問題 →解答は別冊 p.12

① 次の文の　　　にあてはまることばを書きなさい。

(1) 1つの物体（ぶったい）に2つ以上の力がはたらいていて，その物体が静止しているとき，物体にはたらく力が　　　　　　いるという。

(2) 2力がつり合っているとき，2力の大きさは①　　　　，2力の向きは②　　　　向きで，2力は③　　　　上にある。

② 次のA〜Cの2力X，Yはそれぞれつり合っているか。つり合っていれば〇を，つり合っていなければ✕を書きなさい。

A　　　　　B　　　　　C

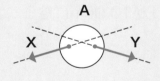
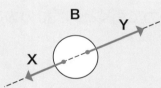
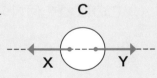

③ 右の図は，机の上に置いた本にはたらく力を表したものである。

(1) 机の面が本をおす力Aを何というか。

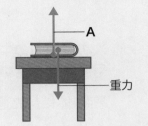

(2) 本にはたらく重力の大きさが5Nのとき，Aの力の大きさは何Nか。

充電中。

➡解答は別冊 p.12

おさらい問題 28〜31

① ばねののびと力の大きさの関係を調べると，下の表のようになった。

力の大きさ〔N〕	0	0.5	1.0	1.5	2.0
ばねののび〔cm〕	0	2.0	4.0	6.0	8.0

(1) 力の大きさとばねののびの関係を表すグラフを，右の図にかきなさい。

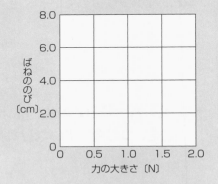

(2) このばねを3.0Nの力で引いたとき，ばねののびは何cmになるか。

(3) このばねを何Nの力で引くと，ばねののびが10.0cmになるか。

(4) このばねに600gのおもりをつるすと，ばねののびは何cmになるか。ただし，100gの物体にはたらく重力の大きさを1Nとする。

② 次のア〜カの中で，質量について説明しているものをすべて選び，記号で答えなさい。

ア 物体にはたらく重力の大きさ。

イ 物体そのものの量。

ウ 上皿てんびんではかることができる。

エ ばねばかりではかることができる。

オ 場所によって値が変化する。

カ 場所によって値が変化しない。

❸ 月の重力は地球の重力の約$\frac{1}{6}$で，地球上で100gの物体にはたらく重力の大きさは1Nであるとする。

(1) 地球上で600gの物体がある。

　① 地球上での**重さ**と**質量**を答えなさい。

　　重さ ＿＿＿＿＿＿＿　　　**質量** ＿＿＿＿＿＿＿

　② 月面上での**重さ**と**質量**を答えなさい。

　　重さ ＿＿＿＿＿＿＿　　　**質量** ＿＿＿＿＿＿＿

(2) 月面上で3Nの物体の地球上での**重さ**と**質量**を答えなさい。

　　重さ ＿＿＿＿＿＿＿　　　**質量** ＿＿＿＿＿＿＿

❹ 下の図のように，大きな荷物を50Nの力で右向きにおしたが，動かなかった。

(1) このときに，人がおした力を作図しなさい。ただし，10Nの力の大きさを1cmとする。

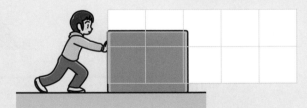

(2) 荷物が動かなかったのは，何とよばれる力がはたらいているからか。

＿＿＿＿＿＿＿

(3) (2)の**力の大きさ**と**向き**（**左**または**右**）を答えなさい。

　　大きさ ＿＿＿＿＿＿＿　　　**向き** ＿＿＿＿＿＿＿

32 マグマの性質と火山
マグマのねばりけと火山の形

富士山は火山だって知っているかな。日本の美しい景観には，富士山のように火山の噴火によってつくられたものがたくさんあるんだ。日本をより深く知るため，火山について学ぼう。

1 火山の形や噴火のようすはマグマのねばりけで変わる!

●マグマ…地下深くにある，岩石がどろどろにとけた高温の物質。

これが大事!

マグマの**ねばりけが大きい**。➡火山は**傾斜が急**で盛り上がった形。
└── ドロッとしている。
　　→マヨネーズのように流れにくい。

マグマの**ねばりけが小さい**。➡火山は**傾斜がゆるやか**で広がった形。
└── サラッとしている。
　　→サラダ油のように流れやすい。

火山の形と特徴

	盛り上がった形	円すいの形	傾斜がゆるやかな形
火山の形			
マグマのねばりけ	大きい ⟷		小さい
噴火のようす	激しい ⟷		おだやか
溶岩の色	白っぽい ⟷		黒っぽい
火山の例	昭和新山（北海道）雲仙普賢岳（長崎県）	桜島（鹿児島県）浅間山（長野県と群馬県）	マウナロア（ハワイ）キラウエア（ハワイ）

だいたい過去1万年以内に噴火したことがある火山を活火山というんだ。

富士山は活火山のひとつだよ。

ゼッタイ! これだけ
●マグマのねばりけが大きい→盛り上がった形の火山，溶岩は白っぽい
●マグマのねばりけが小さい→傾斜がゆるやかな火山，溶岩は黒っぽい

練習問題 →解答は別冊 p.13

① 次の文の ▢ にあてはまることばを書きなさい。

(1) 地下深いところにある，岩石がとけた高温の物質を ▢ という。

(2) マグマのねばりけが ▢ と，傾斜（けいしゃ）が急で盛り上がった形の火山になる。

(3) マグマのねばりけが ▢ と，傾斜がゆるやかな火山になる。

(4) マグマのねばりけが大きいと，噴火（ふんか）は ▢ なる。

(5) マグマのねばりけが小さいと，噴火は ▢ になる。

(6) マグマのねばりけが大きいと，溶岩（ようがん）の色は ▢ なる。

(7) マグマのねばりけが小さいと，溶岩の色は ▢ なる。

② 下の図は，いろいろな火山の形を表したものである。

ア   イ   ウ

(1) マグマのねばりけがもっとも大きい火山は，**ア〜ウ**のどれか。 ▢

(2) 激しく爆発的（ばくはつてき）な噴火をするのは，**ア〜ウ**のどれか。 ▢

(3) マウナロアは，**ア〜ウ**のどの火山に似た形をしているか。 ▢

火山の噴火，こわいなあ〜！

33 火山から出てくるもの

火山噴出物, 鉱物

なぜ学ぶの？

日本には110以上の活火山があるんだ。そのうち，約50の火山が24時間体制での監視・観測の対象にされているよ。火山が噴火すると大きな被害が出ることもあるから，将来に備えて知っておこう。

1 火山が噴火すると火山灰や溶岩，火山ガスなどが出る！

これが大事！

火山噴出物の成分

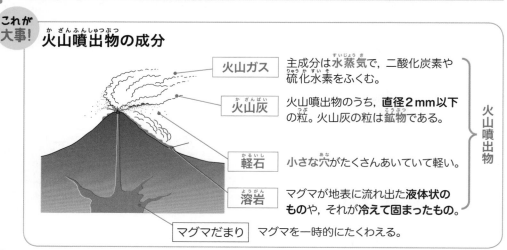

火山ガス	主成分は水蒸気で，二酸化炭素や硫化水素をふくむ。
火山灰	火山噴出物のうち，直径2mm以下の粒。火山灰の粒は鉱物である。
軽石	小さな穴がたくさんあいていて軽い。
溶岩	マグマが地表に流れ出た液体状のものや，それが冷えて固まったもの。
マグマだまり	マグマを一時的にたくわえる。

火山噴出物

2 火山灰にはさまざまな種類の鉱物の粒が見られる！

●鉱物…マグマが冷えてできた，一定の形や色をした結晶。

	無色鉱物		有色鉱物			
	セキエイ	チョウ石	クロウンモ	カクセン石	キ石	カンラン石
色	無色・白色	白色・うす桃色	黒色・褐色	濃い緑色・黒色	緑色・褐色	黄緑色・褐色
形	不規則な形	短冊状の形	うすい板状・六角形	長い柱状・針状	短い柱状・短冊状の形	丸みのある多面体

ゼッタイ！これだけ

●火山噴出物：火山灰，溶岩，軽石，火山ガスなど
●無色鉱物：セキエイ，チョウ石
　有色鉱物：クロウンモ，カクセン石，キ石，カンラン石

練習問題 →解答は別冊 p.13

1 次の文の ☐ にあてはまることばを書きなさい。

(1) 火山ガスの主成分は ☐ である。

(2) 火山噴出物のうち，直径2mm以下の粒を ☐ という。

(3) 火山噴出物のうち，小さな穴がたくさんあいていて軽いものを ☐ という。

(4) マグマが地表に流れ出た液体状のものや，それが冷え固まったものを ☐ という。

(5) マグマが冷えてできた，一定の形や色をした結晶を ☐ という。

(6) セキエイや① ☐ は② ☐ 鉱物，クロウンモや カクセン石，キ石，カンラン石は③ ☐ 鉱物である。

2 次のア〜オの鉱物について，あとの問いに答えなさい。

ア セキエイ 　　**イ** カンラン石 　　**ウ** クロウンモ
エ チョウ石 　　**オ** カクセン石

(1) 有色鉱物を**ア〜オ**からすべて選び，記号で答えなさい。

☐

(2) うすい板状で，六角形をした鉱物はどれか。記号で答えなさい。

☐

(3) 黄緑色・褐色をした鉱物はどれか。記号で答えなさい。

☐

そろそろ
ひと休みして，
お茶にする？

生命編

物質編

エネルギー編

地球編

34 火成岩のつくり
斑状組織と等粒状組織

なぜ学ぶの? マグマが地表に流れ出したものが溶岩だったね。マグマが冷え固まってできた岩石のつくりに目を向けると，その岩石がどんな場所でできたかがわかるよ。

1 マグマが冷え固まってできた岩石は2種類！

●火成岩…**マグマが冷え固まってできた**岩石。急に冷えてできた**火山岩**と，ゆっくり冷えてできた**深成岩**がある。

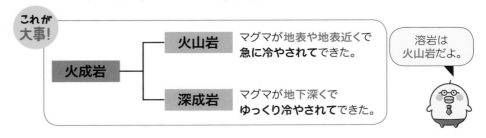

これが大事！

火成岩 ─┬─ 火山岩　マグマが地表や地表近くで**急に冷やされて**できた。
　　　　└─ 深成岩　マグマが地下深くで**ゆっくり冷やされて**できた。

溶岩は火山岩だよ。

2 火山岩は斑状組織，深成岩は等粒状組織をもつ！

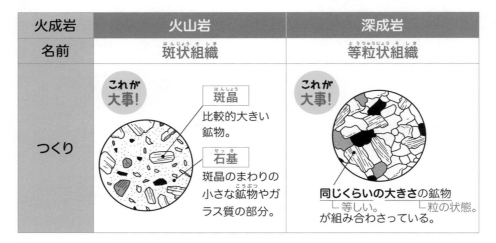

火成岩	火山岩	深成岩
名前	斑状組織	等粒状組織
つくり	これが大事！ 斑晶 比較的大きい鉱物。 石基 斑晶のまわりの小さな鉱物やガラス質の部分。	これが大事！ **同じくらいの大きさの鉱物**（等しい。粒の状態。）が組み合わさっている。

ゼッタイ！これだけ

●火成岩:マグマが冷え固まったもの，火山岩と深成岩

●火山岩→**地表や地表近くで**急に冷やされる，斑状組織
　深成岩→**地下深くで**ゆっくり冷やされる，等粒状組織

練習問題 →解答は別冊 p.13

❶ 次の文の ▢ にあてはまることばを書きなさい。

(1) マグマが冷え固まってできた岩石を ▢ という。

(2) マグマが地表や地表近くで急に冷えてできた火成岩（かせいがん）を ▢ という。

(3) マグマが地下深くでゆっくり冷えてできた火成岩を ▢ という。

(4) 火山岩（かざんがん）は，① ▢ とよばれる比較的大きな鉱物（こうぶつ）とそのまわりをとり囲む② ▢ からなる③ ▢ 組織をもつ。

(5) 深成岩（しんせいがん）は，同じぐらいの大きさの鉱物が集まった ▢ 組織をもつ。

❷ 右の図は，火成岩のつくりを表したものである。

(1) 深成岩のつくりを表しているのは，A，Bのどちらか。 ▢

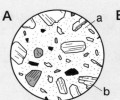

(2) Aのようなつくりを何というか。

▢

(3) Bのようなつくりを何というか。

▢

(4) Aのa，bの部分をそれぞれ何というか。

a ▢

b ▢

ゆっくり成長するタイプなんで，深成岩型です。

35 火成岩と鉱物の種類
火山岩と深成岩の分類

なぜ学ぶの？ マグマのねばりけが大きいと白っぽい溶岩，マグマのねばりけが小さいと黒っぽい溶岩になったね[p.82]。同じようにマグマからつくられる火成岩の色からもマグマのねばりけがわかるよ。火成岩がつくられた火山のようすがより深くわかるね。

1 マグマのねばりけが大きいと白っぽく，小さいと黒っぽい！

これが大事！

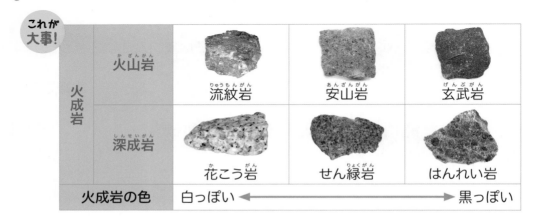

火成岩	火山岩	流紋岩	安山岩	玄武岩
	深成岩	花こう岩	せん緑岩	はんれい岩
火成岩の色		白っぽい ←——→ 黒っぽい		

2 マグマのねばりけによってふくまれる鉱物が変わる！

これが大事！

無色鉱物が多い。　　　　　　　　有色鉱物が多い。

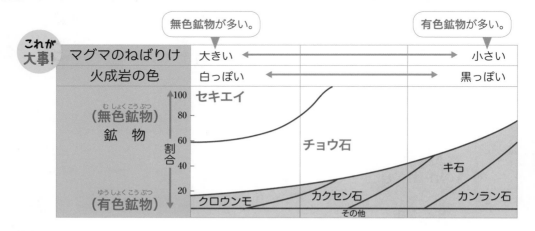

マグマのねばりけ	大きい ←——→ 小さい
火成岩の色	白っぽい ←——→ 黒っぽい

鉱物
（無色鉱物）
（有色鉱物）
割合

セキエイ　チョウ石　キ石
クロウンモ　カクセン石　カンラン石
その他

100 80 60 40 20

ゼッタイ！これだけ
●マグマのねばりけが大きい：無色鉱物が多い→火成岩が白っぽい
　マグマのねばりけが小さい：有色鉱物が多い→火成岩が黒っぽい

練習問題 ➡解答は別冊 p.13

❶ 次の文の ＿＿＿ にあてはまることばを書きなさい。

(1) 流紋岩, ①＿＿＿, 玄武岩は②＿＿＿ である。

(2) ①＿＿＿, せん緑岩, はんれい岩は②＿＿＿ である。

(3) ねばりけの大きいマグマからできた火成岩の色は①＿＿＿,

ねばりけの小さいマグマからできた火成岩の色は②＿＿＿。

(4) セキエイやチョウ石のような①＿＿＿鉱物の割合が大きいと火成岩

の色は②＿＿＿。カンラン石やキ石のような③＿＿＿

鉱物の割合が大きいと火成岩の色は④＿＿＿。

❷ 下の表は, いろいろな火成岩を分類したものである。

A	流紋岩	安山岩	玄武岩
B	花こう岩	せん緑岩	はんれい岩
マグマのねばりけ	①　◀	━━━━━▶	②
火成岩の色	③　◀	━━━━━▶	④

(1) A, Bにあてはまることばを書きなさい。

A ＿＿＿　　　　B ＿＿＿

(2) ①〜④にあてはまることばを, 次のア〜エから1つずつ選び, 記号で答えなさい。

①＿＿＿　②＿＿＿

③＿＿＿　④＿＿＿

ア 大きい　　イ 小さい　　ウ 黒っぽい　　エ 白っぽい

➡解答は別冊 p.13

おさらい問題 32〜35

1 下の図は，2つの火山の形を模式的に表したものである。

火山A

火山B

(1) マグマのねばりけが大きいのは，火山**A**，**B**のどちらか。記号で答えなさい。

(2) 溶岩(ようがん)の色が黒っぽいのは，火山**A**，**B**のどちらか。記号で答えなさい。

(3) 火山**A**，**B**のような形をした火山を，次の**ア〜ウ**から1つずつ選び，記号で答えなさい。

A　　　　　　　B

ア 昭和新山(しょうわしんざん)　　**イ** マウナロア　　**ウ** 桜島(さくらじま)

2 右の図は，火山付近の地下のようすを模式的に表したものである。

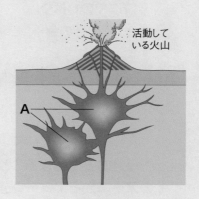

活動している火山

A

(1) マグマを一時的にたくわえる**A**の部分を何というか。

(2) 噴火(ふんか)のとき，出てくる火山ガスの主成分は何か。

(3) マグマが地表に流れ出したものを何というか。

❸ 右の図は，安山岩と花こう岩の
つくりを表したものである。

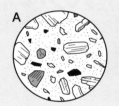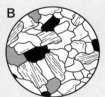

(1) A，Bのようなつくりをそれぞ
れ何というか。

A ⬜　　　　　　　B ⬜

(2) 花こう岩のスケッチは，A，Bのどちらか。　⬜

(3) Bはどのようにしてできたか。場所と時間に着目して簡単に書きな
さい。

⬜

❹ 下の表は，火成岩と鉱物の関係を表したものである。

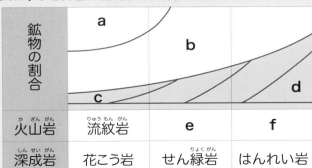

鉱物の割合	a		
		b	
	c		d
火山岩	流紋岩	e	f
深成岩	花こう岩	せん緑岩	はんれい岩

(1) a〜dにあてはまる鉱物を，次のア〜カから1つずつ選び，記号で
答えなさい。

a ⬜　　b ⬜　　c ⬜　　d ⬜

ア カンラン石　　イ チョウ石　　ウ カクセン石
エ クロウンモ　　オ セキエイ　　カ キ石

(2) e，fにあてはまる火成岩の名前を書きなさい。

e ⬜　　　　　　f ⬜

36 地震のゆれ
震源と震央，初期微動と主要動

なぜ学ぶの？

地震がくると，最初にちょっとゆれたあと，大きくゆれるよね。地震のゆれの特徴を理解して，地震のときにあわてずに行動できるようにしよう。

1 地震は地下の震源で最初に起こる！

●**地震の発生**…大きな力によってひずんでいた地下の岩石が破壊され，
└─ プレート[p. 96]の移動にともなって生じる。

ずれて**断層**ができるときに地震が起こる。
└─ 地層がずれ動いてできた境目。

これが大事！
震源…**地震が最初に起こった**場所。
震央…**震源の真上**の地表の地点。

地震のゆれは，震源を中心にして**同心円状**に伝わる。
└─ 中心が同じ円。

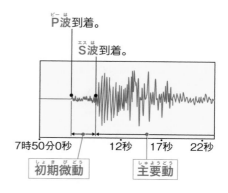

観測点　震央
震源距離　震源の深さ
震源

2 地震のゆれは波！　しかも2種類ある！！

これが大事！
P波…**初期微動**を起こす速い波。
└─ はじめの小さなゆれ。
S波…**主要動**を起こす遅い波。
└─ あとからくる大きなゆれ。

地震も振動が伝わっていくから，音と同じ波なんだ。

P波到着。
S波到着。

7時50分0秒　12秒　17秒　22秒

初期微動　主要動

ゼッタイ！これだけ

●震源：地震が最初に起こった場所
震央：震源の真上の地表の地点
●はじめの小さなゆれ：初期微動→P波による
あとからくる大きなゆれ：主要動→S波による

練習問題 ➡解答は別冊 p.14

➡解答は別冊 p.14

1 次の文の ▢ にあてはまることばを書きなさい。

(1) 地震が最初に起こった場所を① ▢ ，その真上の地表の地点を② ▢ という。

(2) 震央から震源までの距離を震源の ▢ という。

(3) 地震のとき，はじめの小さなゆれを① ▢ ，あとからくる大きなゆれを② ▢ という。

(4) 初期微動を起こす波を① ▢ ，主要動を起こす波を② ▢ という。

2 図1のAで地震が発生した。図2はこのときの地震のゆれを記録したものである。

(1) 次の①，②にあたるのは，それぞれ図1のA～Cのどれか。

① 震源 ▢   ② 震央 ▢

図1

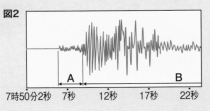

(2) 図2のA，Bのゆれをそれぞれ何というか。

A ▢

B ▢

図2

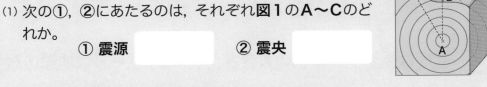

7時50分2秒　7秒　12秒　17秒　22秒

(3) 図2のA，Bのゆれを起こす波をそれぞれ何というか。

A ▢   B ▢

大きな地震に備えて，何か準備してる？

生命編

物質編

エネルギー編

地球編

93

37 ゆれの伝わり方・ゆれの大きさ
初期微動継続時間・震度とマグニチュード

なぜ学ぶの?

震源に近いところと遠いところのゆれにどんなちがいがあるのか理解して，地震について正しく知ろう。地震速報で発表される震度とマグニチュードのちがいも理解して情報を正しく知ろう。

1 震源距離が長いほど，初期微動継続時間が長い！

これが大事! 地震のゆれの伝わり方

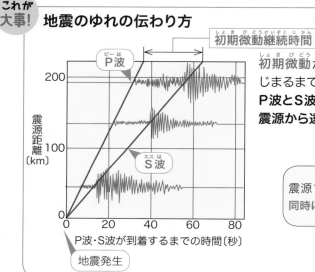

初期微動がはじまってから，主要動がはじまるまでの時間。
P波とS波が届いた時刻の差である。
震源から遠くなるほど，長くなる。

震源ではP波とS波は同時に発生するんだね。

2 震度は観測点のゆれの大きさ，マグニチュードは地震の規模！

●震度…観測点の**ゆれの大きさ**を10階級で表したもの。**同じ地震でも場所によって震度がちがう。**震源距離や地盤のかたさなどによって変化する。

←弱 | 0 | 1 | 2 | 3 | 4 | 5弱 | 5強 | 6弱 | 6強 | 7 | 強→

●マグニチュード…**地震の規模。1つの地震では1つの値。**震源の位置が同じでも，**値が大きいほどゆれが伝わる範囲が広く，**同じ地点の**ゆれが大きくなる。**

ゼッタイ！これだけ

●震源距離が長い→初期微動継続時間が長い
●震度：観測点のゆれの大きさ，マグニチュード：地震の規模

練習問題 →解答は別冊 p.14

❶ 次の文の　　　にあてはまることばを書きなさい。

(1) 初期微動がはじまってから主要動がはじまるまでの時間を

　　　　　　　　　　　　　　　　　という。

(2) 震源距離が長いほど，初期微動継続時間は　　　　　　　　　　なる。

(3) 観測点のゆれの大きさを① 　　　　　　　　　階級で表したものを

　② 　　　　　　　　　という。

(4) 一般に震源距離が長いほど，震度は　　　　　　　　　なる。

(5) 地震の規模を表したものを　　　　　　　　　　　　という。

(6) 同じ震源の地震でも，マグニチュードが大きいほど，ゆれが伝わる範囲が

　　　　　　　　　なる。

❷ 右の図は，同じ地震を異なる地点A，Bで記録したものである。

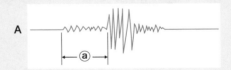

(1) ⓐの時間は何を表しているか。

(2) 震度が大きいのは，
A，Bどちらの地点か。

(3) 震源距離が長いのは，A，Bどちらの地点と考えられるか。

(4) 地震そのものの規模は，何を使って表されるか。

地震速報にびっくりしがち…

38 日本付近の地震
プレートの動きと地震

なぜ学ぶの？

ほぼ毎日，日本のどこかで地震が起きているんだ。これは日本列島の地下のようすと関係しているんだよ。日本付近で起こる地震の特徴をつかんで地震に備えよう。

1 地球の表面はプレートでおおわれている！

●プレート…地球の表面をおおう，厚さ数10〜約100kmのかたい板状の岩石。

これが大事！

日本列島の下では，海洋プレートが大陸プレートの下に沈みこむ。
→プレートに**大きな力が**はたらく。
→地震が起こりやすい。

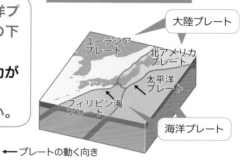

日本付近のプレートは4つ

大陸プレート

ユーラシアプレート　北アメリカプレート　太平洋プレート　フィリピン海プレート

海洋プレート

←プレートの動く向き

2 震源はプレートの境界付近に集中している！

震央の分布

震源の深さ〔km〕
0
150
300
450
600

北アメリカプレート

プレートの境界付近に震央が集中している。

日本海溝

ユーラシアプレート

太平洋プレート

フィリピン海プレート

震源の分布

日本列島

日本海溝
0
150
300
深さ〔km〕 450

海溝から大陸に向けて震源が深くなる。

ゼッタイ！これだけ

●プレート：地球をおおう板状の岩石
●海洋プレート→大陸プレートの下に沈みこむ
●震源→プレートの境界付近に集中

練習問題 ➡解答は別冊 p.14

❶ 次の文の ▭ にあてはまることばを書きなさい。

(1) 地球の表面をおおう，厚さ数10〜約100㎞のかたい板状の岩石を

▭ という。

(2) 日本列島付近には，① ▭ プレートとフィリピン海プレート

という2つの② ▭ プレートがある。

(3) 日本列島付近には，① ▭ プレートとユーラシアプレートと

いう2つの② ▭ プレートがある。

(4) ① ▭ プレートは② ▭ プレートの下に沈(しず)みこむ。

(5) 震源(しんげん)はプレートの ▭ 付近に集中している。

(6) 日本列島付近では，海溝(かいこう)から大陸に向かって震源が ▭ なっ

ている。

**❷ 右の図は，日本列島付近の地下の
ようすを表したものである。**

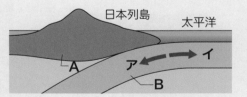

(1) A，Bのプレートは，それぞれ海洋
プレート，大陸プレートのどちらか。

A ▭ B ▭

(2) Bのプレートは，ア，イどち
らの向きに動いているか。 ▭

ひと休みして，
お茶にする？

97

39 地震が起こるしくみ
海溝型地震と内陸型地震

なぜ学ぶの？
震源はプレートの境界付近に集中していて，太平洋側から日本海側に向かって深くなっていたね[p.96]。なぜそうなるのか，地震が起こるしくみを知っておくと，引っ越しをするとき役立つかも。

1 地震は2種類！　海溝型と内陸型！！

これが大事！

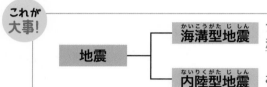

地震 ┬ **海溝型地震** ──── プレートの境界付近を震源とする大きな地震。**津波が発生する**ことがある。
　　　└ 震源が海底にあるとき。

　　└ **内陸型地震** ──── おもに**活断層**のずれによって起こる地震。
　　　└ 過去にくり返してずれ動き，今後も活動する可能性のある断層。

マグニチュードが小さくても，地表が**大きくゆれる**ことがある。

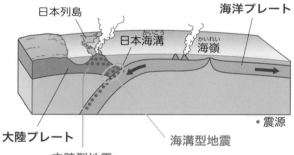

海溝型地震が起こるしくみ

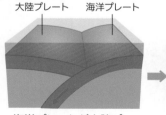

海洋プレートが大陸プレートの下に沈みこむ。

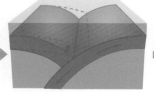

大陸プレートが海洋プレートに引きずりこまれる。

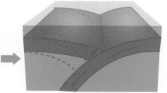

大陸プレートがひずみにたえられなくなると，岩石が破壊され，地震が起こる。

ゼッタイ！これだけ
● 海溝型地震：プレートの境界付近で起こる地震
● 内陸型地震：おもに活断層のずれによって起こる地震

練習問題 →解答は別冊 p.15

1 **次の文の ☐☐☐ にあてはまることばを書きなさい。**

(1) プレートの境界付近を震源とする地震を ☐☐☐☐☐ 地震という。

(2) (1)の場合，震源が海底にあるとき，☐☐☐☐☐ が発生することがある。

(3) 過去にくり返してずれ動き，今後も活動する可能性のある断層を

☐☐☐☐☐ という。

(4) おもに活断層によって起こる地震を ☐☐☐☐☐ 地震という。

(5) ☐☐☐☐☐ 地震では，震源が浅いと震源距離が短くなるので，マグ
ニチュードが小さくても，地表が大きくゆれることがある。

2 **下の図は，地震の起こるしくみを表したものである。**

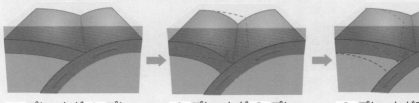

① プレートが ② プレートの下に沈みこむ。　② プレートが ① プレートに引きずりこまれる。　② プレートがひずみにたえきれなくなると，岩石が破壊され，地震が起こる。

(1) ①，②には，それぞれ「海洋」「大陸」のどちらのことばが入るか。

①　☐☐☐☐☐　　②　☐☐☐☐☐

(2) 上のようにして起こる地震を何というか。

☐☐☐☐☐

> 地震に備えることは大切だね。

40 地層のでき方

風化, 侵食・運搬・堆積

なぜ学ぶの？
山の中のがけなどでしま模様が見られるところがあるよ。このしま模様が地層だね。地層はどのようにしてできるのかがわかると，昔のその土地のようすが見えてくるよ。

1 地層は流水のはたらきなどによってできる！

これが大事！
●地層…<u>風化</u>によってできた土砂が流水に**侵食**され，下流に**運搬**され，
└ 太陽の熱や水のはたらきで，岩石が表面や割れ目からくずれていくこと。

流れがゆるやかなところに**堆積**することでつくられる。

運搬 流水によって，けずられた**土砂が運ばれる。**

堆積 流水のはたらきで運ばれてきた土砂が流れの**ゆるやかなところに積もる。**

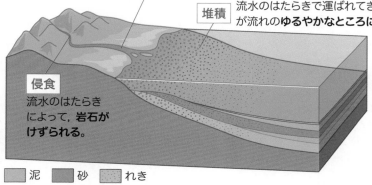

侵食
流水のはたらきによって，**岩石がけずられる。**

■ 泥　■ 砂　■ れき

2 細かい粒ほど遠くまで運ばれる！

これが大事！
細かい粒は**沈みにくい。** ➡ **河口から遠くに運ばれる。**
大きい粒は**はやく沈む。** ➡ **河口近くに堆積する。**

河口付近には，れきや砂が堆積するんだね。

岸から離れた深いところには泥が堆積するよ。

ゼッタイ！ これだけ
●地層のでき方：風化→侵食→運搬→堆積
●細かい粒→遠くまで運ばれて堆積する

練習問題 →解答は別冊 p.15

① 次の文の ___ にあてはまることばを書きなさい。

(1) 太陽の熱や水のはたらきで，岩石がその表面や割れ目などからくずれていくことを ___ という。

(2) 流水などによって，岩石がけずられることを ___ という。

(3) 流水などによって，土砂が下流へ運ばれることを ___ という。

(4) 流水などによって運ばれてきた土砂が流れのゆるやかなところに積もることを ___ という。

(5) 河口まで運ばれてきたれき，砂，泥は，① ___ 粒ほど沈みにくく，河口から② ___ まで運ばれる。

② 右の図は，山からの土砂が海に積もるようすを表したものである。

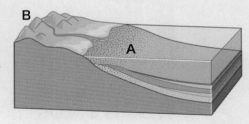

(1) 次のはたらきをそれぞれ何というか。
   ① 流水が岩石をけずるはたらき。
   ___

   ② 流水がけずられた土砂を運ぶはたらき。
   ___

   ③ 流水が運ばれてきた土砂を積もらせるはたらき。
   ___

(2) (1)の①〜③のはたらきが大きいのは，図の**A**，**B**のどちらか。

疲れすぎで
何もできない…

   ① ___   ② ___   ③ ___

生命編　物質編　エネルギー編　地球編

41 地層をつくる岩石

堆積岩・化石

なぜ学ぶの？

堆積したれき，砂，泥などは，長い年月の間におし固められて岩石になるんだ。これらの岩石をその特徴によって分類しよう。堆積岩の特徴によって，その土地のようすがよりくわしくわかるよ。

1 堆積した土砂などはおし固められて岩石になる！

●**堆積岩**…堆積物が長い年月をかけておし固められてできた岩石。

これが大事！

堆積岩	堆積物	特徴
れき岩	粒の大きさ2mm以上	粒の大きさによって分けられる。岩石をつくる粒が丸みを帯びている。
砂岩	粒の大きさ$\frac{1}{16}$～2mm	
泥岩	粒の大きさ$\frac{1}{16}$mm以下	
石灰岩	生物の死がいや水にとけていた成分など	うすい塩酸をかけると，二酸化炭素が発生する。
チャート		かたくて，鉄くぎで傷がつかない。
凝灰岩	火山灰など火山噴出物	岩石をつくる粒が角ばっている。

2 堆積岩に昔を知る手がかりの化石が入っていることがある！

これが大事！

　示相化石…地層ができた当時の環境を知る手がかりになる化石。
　示準化石…地層ができた年代を知る手がかりになる化石。

地質年代	古生代	中生代	新生代
示準化石	サンヨウチュウ，フズリナ	アンモナイト，恐竜	ビカリア，マンモス

ゼッタイ！これだけ

●粒の大きさ：れき岩＞砂岩＞泥岩
●示相化石：堆積した環境がわかる，示準化石：堆積した年代がわかる

練習問題 →解答は別冊 p.15

1 次の文の ☐☐☐☐☐ にあてはまることばを書きなさい。

(1) 土砂がおし固められてできた堆積岩のうち，岩石をつくる粒が 2 mm 以上

のものを① ☐☐☐☐☐ ，$\frac{1}{16}$～2 mm のものを② ☐☐☐☐☐ ，

$\frac{1}{16}$ mm 以下のものを③ ☐☐☐☐☐ という。

(2) 石灰岩と ☐☐☐☐☐ は，生物の死がいなどが堆積したものである。

(3) 石灰岩とチャートで，① ☐☐☐☐☐ にうすい塩酸をかけると二酸化

炭素が発生し，② ☐☐☐☐☐ は鉄くぎで傷をつけることができない。

(4) 火山灰などの火山噴出物が堆積すると，☐☐☐☐☐ ができる。

(5) 岩石をつくる粒が角ばっている堆積岩は，☐☐☐☐☐ である。

(6) 地層ができた当時の環境を知る手がかりとなる化石を

① ☐☐☐☐☐ ，地層ができた年代を知る手がかりとなる化石を

② ☐☐☐☐☐ という。

2 右の図は，2つの生物の化石をスケッチ
したものである。

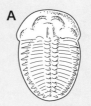 

A   B

(1) A，B の化石が見つかった地層は，どの地
質年代に堆積したと考えられるか。

A ☐☐☐☐☐   B ☐☐☐☐☐

覚えることが
多くて大変だ。

(2) (1) のような化石を何というか。 ☐☐☐☐☐

生命編

物質編

エネルギー編

地球編

103

42 大地の変化
隆起と沈降，しゅう曲と断層

なぜ学ぶの？

土砂が海底などに堆積して地層ができるんだったね[p.100]。
海底でできた地層が陸上で見られる理由がわかると，そこで昔何があったかわかるよ。

1 大地は地震などでもち上がったり沈んだりする！

これが大事！

隆起…地震などによって，**大地がもち上がること。**
　　　　　└──海底で堆積した地層が陸上で見られるのは，土地が隆起したため。

　　　隆起による地形➡例 海岸段丘，河岸段丘
沈降…地震などによって，**大地が沈むこと。**
　　　沈降による地形➡例 リアス海岸

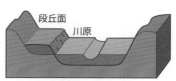

段丘面　川原

▲河岸段丘

2 大地は，大きな力でずれたり波打ったりする！

これが大事！

断層…大きな横向きの力によって生じた**大地のずれ。**
しゅう曲…長時間大きな横向きの力がはたらいて，大地が**波打つように曲げられたもの。**

●断層　力⟵ ⟶

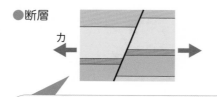

●地層に横から力が加わると，地層にずれ（断層）が生じる。
●**地震は断層のずれによって起こる。**

●しゅう曲　力⟶ ⟵

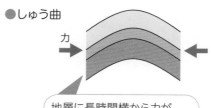

地層に長時間横から力が加わると，**しゅう曲**が起こる。

ゼッタイ！これだけ

●隆起：大地がもち上がる，沈降：大地が沈む
●断層：大地のずれ，しゅう曲：波打つように曲げられたもの

練習問題 ➡解答は別冊 p.15

❶ 次の文の □□□ にあてはまることばを書きなさい。

(1) 地震(じしん)などによって，大地がもち上がることを① □□□□□，大地が

沈(しず)むことを② □□□□ という。

(2) 河岸段丘(かがんだんきゅう)は，大地の □□□□□ によってできる。

(3) リアス海岸は，大地の □□□□□ によってできる。

(4) 大きな横向きの力によって生じた土地のずれを，□□□□□ という。

(5) 長時間大きな横向きの力がはたらいて，大地が波打つように曲げられたも

のを □□□□ という。

❷ 右の図は，あるがけで地層(ちそう)のようすを観察した結果である。

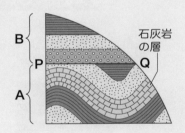

(1) A層のように地層が波打つように曲げられたも
のを何というか。

□□□□

(2) B層にはアサリの化石がふくまれ，B層は海底
で堆積(たいせき)したと考えられる。B層が陸上で見られ
るのは，何が起きたからと考えられるか。

□□□□□□

窓を開けて
深呼吸しよう。

 断層(だんそう)のでき方

●引く力だけでなく，おす力がはたらいても断
層ができることがある。

力のはたらく向き

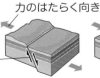

地層のずれる方向

43 地層の広がり

柱状図とかぎ層

なぜ学ぶの？

今まで学んだことをもとに，地層をつくるそれぞれの層のようすから地層が堆積した当時のようすを推測してみよう。

基本のルール

ふつう下の地層ほど古い！

ふつう地層は上にできていくので，下の地層ほど古い。
火山灰の層などのかぎ層で離れたところの地層を比べることができる。

これが大事！

●かぎ層…火山灰の層や凝灰岩の層，化石をふくむ層のように，離れた地層を比べるときに利用できる層。

└ 比べるかぎになる層。

離れていても同じ時期にできたことがわかる。

かぎ層（白い火山灰）

かぎ層（黒い火山灰）

例 **露頭** 地層が地上に現れているところ。

柱状図 1枚1枚の地層の重なり方を柱状の図に表したもの。

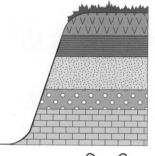

火山灰の層 ──→ 火山が噴火した。

泥の層

細かい砂の層
（アサリの化石をふくむ）

れきの層

砂の層

上にいくほど，堆積する粒が小さくなっている。
➡海底がしだいに深くなっていった。

アサリの化石＝示相化石
➡浅い海であった。

土砂がくり返し堆積して地層ができるんだね。

だから，ふつう下の地層ほど古いんだ。

これだけ

●ふつう下にある地層ほど古い

●かぎ層：火山灰や凝灰岩などの層→離れた地層を比較できる

練習問題 ➡解答は別冊 p.15

❶ 次の文の ___ にあてはまることばを書きなさい。

(1) 地層が地上に現れているところを ___ という。

(2) 地層の重なり方を柱状の図に表したものを ___ という。

(3) 地層はふつう下にあるものほど ___ 。

(4) 上にいくほど，堆積物が小さくなっていれば，海底がしだいに ___ なったことがわかる。

(5) ① ___ の層や凝灰岩の層，化石をふくむ層のように，離れた地層を比較するのに利用できる層を② ___ という。

❷ 図1のような露頭を観察して，図2のような図に表した。

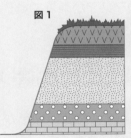
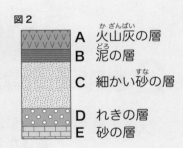

A 火山灰の層
B 泥の層
C 細かい砂の層
D れきの層
E 砂の層

(1) 図2のような図を何というか。

___

(2) かぎ層となるのは，A〜Eのどの層か。 ___

(3) A層からどのようなことがわかるか。 ___

(4) B〜Dの層が堆積したとき，この付近の水深はだんだん浅くなったか，深くなったか。

___

ちょっと甘いものが食べたいね。

44 自然の恵みと火山災害・地震災害
火山災害・地震災害

なぜ学ぶの？

日本列島は4つのプレートの境界付近にあって [p.96]，多くの火山が分布し，地震が発生しやすいんだ。
火山の噴火や地震によってどんな災害が起こるか調べ，災害に備えよう。

1 火山災害には火砕流や火山灰による被害などがある！

これが大事！

●**火砕流**…溶岩の破片や火山灰などが高温の火山ガスとともに，**山の斜面を高速で流れ下りる**現象。

●**火山灰による被害**…火山から噴出する火山灰が**広範囲に降り注ぎ**，農作物などに被害を及ぼす。

●**溶岩流**…地下のマグマが高温でどろどろにとけた溶岩となって斜面を流れ下りる現象。

▲ 火砕流　　　　　　　（気象庁提供）

2 地震災害には津波や建物の倒壊，地すべり，液状化などがある！

これが大事！

●**津波**…地震によって，海底の地形が急激に変化することで発生する波。**震源が海底にあるとき**に発生することがある。

●**建物の倒壊**…地震のゆれによって，建物が傾いたりくずれたりすること。

●**地すべり**…地震などによって，傾斜の急な場所の斜面がそのまま低い方向へ移動する現象。

●**液状化**…地震のゆれによって，土地が急にやわらかくなる現象。

大きな地震が起きたらどのように行動するか家族と話し合っておこう。

ゼッタイ！これだけ

●火山災害→火砕流，火山灰による被害，溶岩流など
●地震災害→津波，建物の倒壊，地すべり，液状化など

練習問題 →解答は別冊 p.16

① 次の文の ▢ にあてはまることばを書きなさい。

(1) 溶岩（ようがん）の破片（はへん）や火山灰（かざんばい）などが高温の火山ガスとともに，山の斜面（しゃめん）を高速で流れ下りる現象を ▢ という。

(2) 火山灰は，上空の風によって ▢ 範囲に降り注ぎ，農作物に被害（ひがい）を及ぼす。

(3) 地下のマグマが溶岩（ようがん）となって，山の斜面を流れ下りる現象を ▢ という。

(4) 地震（じしん）によって，海底の地形が急激に変化することで発生する波を ▢ という。

(5) 地震などによって，傾斜（けいしゃ）の急な場所の斜面がそのまま低い方向へ移動する現象を ▢ という。

(6) 地震のゆれによって，土地が急にやわらかくなる現象を ▢ という。

② 次のア〜エは，いろいろな自然災害である。

ア 地すべり **イ** 液状化（えきじょうか） **ウ** 火砕流（かさいりゅう） **エ** 溶岩流（ようがんりゅう）

(1) 地震災害（じしんさいがい）をすべて選び，記号で答えなさい。

▢

(2) 火山災害（かざんさいがい）をすべて選び，記号で答えなさい。

▢

あとはおさらいだけ。よくがんばったね！！

➡解答は別冊 p.16

おさらい問題 36 ～ 44

❶ 右の図は，ある地震のゆれをA地点で記録したものである。

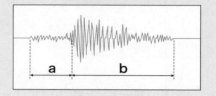

(1) a，bのゆれをそれぞれ何というか。

a ▢　　　　　b ▢

(2) S波によるゆれは，a，bのどちらか。　▢

(3) A地点では，この地震の震度は3であった。A地点よりも震源に近いB地点の震度はA地点と比べてふつうどうなっているか。

▢

❷ 右の図は，日本列島付近の地下の震源の分布を表したものである。

(1) 地球の表面をおおう，厚さ数十～約100kmのかたい板状の岩石を何というか。

▢

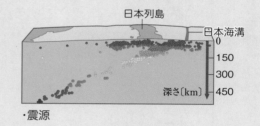

・震源

(2) 次の文は，日本列島付近の震源の分布を説明したものである。①～④のア，イで正しいほうをそれぞれ選び，記号で答えなさい。

①▢　　②▢　　③▢　　④▢

震源は，①｛ア 日本海側　　イ 太平洋側｝よりも②｛ア 日本海側　　イ 太平洋側｝に多く分布し，震源の深さは，③｛ア 日本海側　　イ 太平洋側｝で浅く，④｛ア 日本海側　　イ 太平洋側｝にいくにつれて深くなっている。

③ **右の図は，あるがけに見られる地層を観察し，スケッチしたものである。**

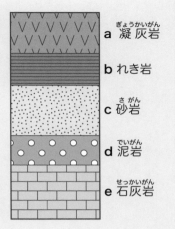

図の右側のラベル：
a 凝灰岩（ぎょうかいがん）
b れき岩
c 砂岩（さがん）
d 泥岩（でいがん）
e 石灰岩（せっかいがん）

(1) 右の図のように，地層の重なりを柱状の図に表したものを何というか。

(2) c層には，アンモナイトの化石がふくまれていた。c層が堆積（たいせき）したのは，次の**ア〜ウ**のいつか。記号で答えなさい。

ア 古生代（こせいだい）　　**イ** 中生代（ちゅうせいだい）　　**ウ** 新生代（しんせいだい）

(3) b層とd層では，どちらが先に堆積したか。記号で答えなさい。

(4) うすい塩酸をかけると泡（あわ）が出るのは，**a〜e**のどの層の堆積岩（たいせきがん）か。記号で答えなさい。

(5) a層が堆積したとき，何があったと考えられるか。

(6) b〜dの層が堆積したときのこの付近のようすとして適切なものを，次の**ア〜ウ**から1つ選び，記号で答えなさい。
　ア 海水面が上昇（じょうしょう）した。
　イ 海水面が下降した。
　ウ 断層が生じた。

スタッフ

編集協力	下村良枝
校正	平松元子，田中麻衣子，山﨑真理
本文デザイン	株式会社 TwoThree
カバーデザイン	及川真咲デザイン事務所（内津剛）
イラスト	福田真知子（熊アート）　有限会社 熊アート
組版	株式会社 インコムジャパン

とってもやさしい

中1理科

これさえあれば

授業がわかる

改訂版

解答と
解説

旺文社

1章
生物の観察

1 身近な生物の観察

→ 本冊 7ページ

❶ (1) ルーペ　(2)(例) 太陽を見ること。
(3) イ

❷ (1) 接眼　(2) 粗動ねじ
(3) 微動ねじ　(4) 視度調節リング

解説

❶ (2) ルーペで太陽を見ると, 強い光が目に入り, 目を痛めてしまうので, 絶対にルーペで太陽を見てはいけません。
(3) ルーペは目に近づけて持ち, 観察するものが動かせる場合は, 観察するものを前後に動かしてピントを合わせます。

2章
植物の特徴と分類

2 果実をつくる花のつくり

→ 本冊 9ページ

❶ (1) 被子　(2) 受粉　(3)①種子　②果実

❷ (1) ア やく　イ おしべ　ウ 子房
エ めしべ　オ がく　カ 胚珠　キ 花弁
(2) カ　(3) ウ

解説

❷ (1) 被子植物の花は, ふつう外側から, がく (オ), 花弁 (キ), おしべ (イ), めしべ (エ) の順についています。おしべの先端にある小さな袋 (ア) をやくといい, 中に花粉が入っています。めしべの根もとのふくらんだ部分 (ウ) を子房といい, 中に胚珠 (カ)

が入っています。
(2)(3) 花粉がめしべの柱頭につくことを受粉といいます。受粉後, 子房は成長して果実に, 胚珠は成長して種子になります。

3 果実をつくらない花のつくり

→ 本冊 11ページ

❶ (1) ①雌花　②むき出し
(2) ①雄花　②花粉のう
(3) 裸子植物　(4) 種子植物

❷ (1) A 雌花　B 雄花
(2) C 胚珠　D 花粉のう
(3) D　(4) ア, ウ (順不同)

解説

❷ (2) マツは裸子植物で, 雄花 (B) のりん片には花粉のう (D) があり, 雌花 (A) のりん片には胚珠 (C) がむき出しでついています。
(3) マツの花粉は, 花粉のうでつくられます。
(4) サクラとエンドウは, 胚珠が子房の中にある被子植物です。

4 子葉, 葉, 根のつくり

→ 本冊 13ページ

❶ (1) ①双子葉類　②単子葉類
(2) ①網状脈　②平行脈
(3) ①主根　②側根　(4) ひげ根

❷ (1) あ双子葉　い単子葉
(2) A 網状脈　B 主根　C 側根

解説

❷ (1) 発芽のときに最初に出てくる葉を子葉といいます。子葉の数が1枚の植物を単子葉類 (い), 2枚の植物を双子葉類 (あ) といいます。
(2) 双子葉類に見られる網の目状の葉脈を網状脈 (A), 単子葉類に見られる平行に並んでいる葉脈を平行脈といいます。双子葉類の根は主根 (B) とよばれる太い根とそこから枝分かれした側根 (C) とよばれる細い根からなります。単子葉類のたくさんの細い根はひげ根とよばれます。

5 種子をつくらない植物

→ 本冊15ページ

❶ (1) ①胞子のう　②胞子
(2) ①シダ植物　②ある
(3) ①コケ植物　②ない

❷ (1) 胞子のう　(2) a　(3) 胞子
(4) c　(5) シダ植物

解説

❷ (1)(2) イヌワラビはシダ植物の一種で、胞子
のう (A) は、葉 (a) の裏側にできます。
(3) シダ植物は、胞子のうでつくられた胞子 (e)
でふえます。
(4) イヌワラビの茎は地中にあり、地下茎とよ
ばれます。
(5) 胞子でふえる植物にはコケ植物もあります
が、コケ植物には葉、茎、根の区別があり
ません。

6 植物をなかま分けしよう

→ 本冊17ページ

❶ (1) ①種子　②胞子
(2) ①双子葉類　②単子葉類
(3) ①離弁花類　②合弁花類

❷ A ア　B イ　C カ　D オ　E ウ　F エ
G ク　H キ

解説

❷ 植物は、種子でふえる (A) 種子植物と胞子で
ふえる (B) シダ植物・コケ植物に分けられます。
種子植物は、胚珠が子房の中にある (C) 被子
植物と胚珠がむき出し (D) の裸子植物に分け
られます。被子植物は、葉脈が網状脈 (E) の双
子葉類と平行脈 (F) の単子葉類に分けられま
す。双子葉類は、花弁が1枚1枚離れた (G) 離
弁花類と花弁がくっついている (H) 合弁花類
に分けられます。

おさらい問題 ❶〜❻

→ 本冊18ページ

❶ ウ→ア→イ→エ

解説

❶ 双眼実体顕微鏡を使う手順は次のとおりです。
❶ 左右の接眼レンズを自分の目の幅に合わせる。
❷ 粗動ねじをゆるめ、両目でだいたいピントを
合わせる。
❸ 右目でのぞきながら、微動ねじを回し、ピント
を合わせる。
❹ 左目でのぞきながら、視度調節リングを回し
てピントを合わせる。

❷ (1) ア めしべ　イ おしべ　ウ がく
エ 子房　オ 花弁
(2) エ　(3) 種子植物　(4) 被子植物

解説

❷ (1) タンポポの花の花弁は5枚ありますが、全
体がくっついて1枚のように見えます。
(2) 将来、種子になるのは胚珠です。胚珠は子
房 (エ) の中にあります。

❸ (1) A　(2) 胞子　(3) イ, ウ (順不同)

解説

❸ (1) 雌株 (A) には胞子のうがあります。
(3) スギゴケには、葉・茎・根の区別がなく、根
のように見える部分は仮根とよばれ、から
だを地面などに固定する役目をしています。

❹ (1) A 被子　B 裸子
C 双子葉　D 単子葉
(2) ①ウ　②ア　③イ

解説

❹ (1) アブラナは双子葉類 (C類)、トウモロコシは
単子葉類 (D類) です。双子葉類と単子葉類
は被子植物 (A植物) なので、B植物は裸子
植物です。
(2) 離弁花類と合弁花類は花弁のようす、双
子葉類と単子葉類は子葉の数 (葉脈や根
のようす)、被子植物と裸子植物は子房の
有無で分けられます。シダ植物とコケ植物
は葉・茎・根の区別があるかどうかで分け
られます。

3

3章
動物の特徴と分類

7 動物のからだのつくりと生活

→ 本冊21ページ

❶ (1) ①肉食動物 ②草食動物
(2) ①前 ②広い (3) ①横 ②広い
(4) 犬歯 (5) ①門歯 ②臼歯

❷ (1) a 犬歯 b 門歯 c 臼歯
(2) a (3) c

解説
❷ (2) 肉食動物の犬歯は大きくてするどく，獲物をとらえるのに適しています。
(3) 草食動物の臼歯は大きくて平らで，葉をすりつぶすのに適しています。

8 背骨のある動物

→ 本冊23ページ

❶ (1) セキツイ (2) ①卵生 ②胎生
(3) ①えら ②えら ③肺
(4) 肺

❷ (1) A 卵生 B 胎生 (2) D ア E ウ

解説
❷ フナは魚類，イモリは両生類，カメはハチュウ類，ハトは鳥類，ネコはホニュウ類です。
(1) 卵から子がかえるようなふえ方を卵生，母親の体内である程度育った子が生まれるようなふえ方を胎生といいます。魚類，両生類，ハチュウ類，鳥類は卵生，ホニュウ類は胎生です。
(2) 一生えらで呼吸する（C）のは魚類，一生肺で呼吸する（D）のはハチュウ類，鳥類，ホニュウ類です。両生類は，親と子で呼吸のしかたが異なります。水中に殻のない卵をうむ（E）のは魚類と両生類，陸上に殻のある卵をうむ（F）のはハチュウ類と鳥類です。卵の殻は内部の乾燥を防ぎます。

9 背骨のない動物

→ 本冊25ページ

❶ (1) 無セキツイ (2) ①節足 ②外骨格
(3) ①昆虫 ②甲殻 (4) 軟体

❷ (1) A 触角 B 気門 (2) 空気
(3) 外骨格 (4) 節足動物
(5) ア，オ （順不同）

解説
❷ (1) 触角（A）は，においや振動を感じとります。
(2) 気門（B）は胸部や腹部にあり，ここからとり入れた空気で呼吸しています。
(3)(4) バッタのように，からだやあしに節のある無セキツイ動物を節足動物といい，からだは外骨格でおおわれています。

10 動物をなかま分けしよう

→ 本冊27ページ

❶ (1) ①セキツイ ②無セキツイ
(2) ①節足 ②軟体

❷ A イ B ア C エ D ウ E ク F キ
G オ H カ

解説
フナ・サケは魚類，カエル・イモリは両生類，トカゲ・ヤモリはハチュウ類，ハト・ペンギンは鳥類，ネコ・サルはホニュウ類，チョウ・エビは節足動物，アサリ・タコは軟体動物，ミミズ・クラゲはその他の無セキツイ動物。魚類，両生類，ハチュウ類，鳥類は卵生（A），ホニュウ類は胎生（B）。からだが外骨格（C）でおおわれているのは節足動物，内臓が外とう膜（D）でおおわれているのは軟体動物。

おさらい問題 7 ～ 10

→ 本冊28ページ

❶ (1) セキツイ動物
(2) A ホニュウ類 B ハチュウ類
C 鳥類 D 両生類 E 魚類
(3) ①D ②B, C （順不同）
③B, E （順不同）
④A, B, C （順不同） ⑤A

❶ (3) ①両生類は，子は水中で生活し，えらと皮膚で呼吸しますが，親は陸上で生活し，肺と皮膚で呼吸します。
　　②ハチュウ類と鳥類は陸上で卵をうむので，卵に乾燥を防ぐための殻があります。

❷ (1) ①節足　②軟体　(2) 節　(3) ない
　(4) イ　(5) 甲殻類　(6) ない
　(7) えら　(8) 気門

❷ (2) 節足動物のからだは外骨格でおおわれ，外骨格には節があり，節の部分でからだやあしを動かすことができます。
　(3) 軟体動物のからだには，外骨格がありません。
　(7) 軟体動物の多くは水中で生活し，えらで呼吸しますが，マイマイのように陸上で生活するものは肺で呼吸します。

物質編
1章
物質のすがた

11　物質の区別

→ 本冊31ページ

❶ (1) ①物質　②物体
　(2) ①有機物　②無機物
　(3) 二酸化炭素

❷ (1) 炭素
　(2) 有機物 ア，エ，オ（順不同）
　　無機物 イ，ウ（順不同）

❷ (2) 有機物は加熱すると燃えて二酸化炭素が発生します。無機物は加熱しても二酸化炭素が発生しません。

12　金属の見分け方

→ 本冊33ページ

❶ (1) ①金属光沢　②やすく　③やすい
　(2) 非金属　(3) 質量

❷ (1) ①質量〔g〕　②体積〔cm³〕
　(2) A 2.7g/cm³　B 19.3 g/cm³
　　C 0.92 g/cm³　D 8.96 g/cm³
　(3) A

❷ (2) 密度〔g/cm³〕＝ $\dfrac{\text{物質の質量〔g〕}}{\text{物質の体積〔cm³〕}}$ より，

　A　$\dfrac{108\text{g}}{40\text{cm}^3}=2.7\text{g/cm}^3$

　B　$\dfrac{193\text{g}}{10\text{cm}^3}=19.3\text{g/cm}^3$

　C　$\dfrac{92\text{g}}{100\text{cm}^3}=0.92\text{g/cm}^3$

　D　$\dfrac{448\text{g}}{50\text{cm}^3}=8.96\text{g/cm}^3$

物質編
2章
気体の性質

13　気体の性質

→ 本冊35ページ

❶ (1) 酸素　(2) ①二酸化炭素　②白く
　(3) ①炭酸水　②酸
　(4) ①やすく　②アルカリ　(5) 水
　(6) 窒素　(7) ①塩酸　②酸

❷ (1) ア，ウ，オ（順不同）
　(2) ア，イ，ウ（順不同）　(3) オ

❷ (2) 二酸化酸素は水に少しとけ，アンモニアは非常に水にとけやすい気体です。
　(3) 二酸化炭素は水にとけると，酸性を示します。

14 気体の集め方

→ 本冊 37ページ

❶ (1) 水上　(2) ①上方　②下方
　(3) 空気　(4) ①酸素　②二酸化炭素
　(5) 水素

❷ (1) A 二酸化炭素　B 酸素　C 水素
　(2) B ウ　C ウ

解説

❷ (2) 酸素や水素のように，水にとけにくい気体
は，水上置換法で集めます。アンモニアの
ように，水にとけやすく，空気より密度が
小さい気体は上方置換法で集めます。水に
とけやすく，空気より密度が大きい気体は
下方置換法で集めます。二酸化炭素は水
に少しとけるので，下方置換法でも水上置
換法でも集められます。

おさらい問題 11 〜 14

→ 本冊 38ページ

❶ (1) 物体 はさみ，物質 鉄
　(2) 物体 ものさし，物質 プラスチック
　(3) 物体 コップ，物質 ガラス

解説

❶ 形が物体，材料が物質です。

❷ イ，ウ，オ，カ（順不同）

解説

❷ 金属には，次のような性質があります。
・特有のかがやきがある（金属光沢）。
・電流をよく通す。
・熱をよく伝える。
・引きのばしたり，広げたりできる。

❸ (1) ア　(2) エ　(3) ウ

解説

❸ (1) 鉄は磁石につきますが，銅は磁石につきま
せん。
　(2) 加熱すると有機物である砂糖は燃えますが，
食塩は変化しません。
　(3) 砂糖は水によくとけますが，小麦粉は水に
あまりとけません。

❹ (1) 氷　(2) ①8.96g/cm³　②銅

解説

❹ (1) 水の密度（1.00g/cm³）と比べて，密度
が小さいものは水に浮き，密度が大きいも
のは沈みます。

　(2) ①密度〔g/cm³〕$= \dfrac{物質の質量〔g〕}{物質の体積〔cm³〕}$ より，

$$\frac{44.8g}{5.0cm^3} = 8.96g/cm^3$$

❺ (1) A イ　B オ　(2) 水上置換法
　(3) ウ

解説

❺ (2) 水と置きかえて気体を集める方法を水上
置換法といいます。
　(3) アは二酸化炭素，イは水素の性質です。

物質編

3章
水溶液の性質

---

15 物質が水にとけるようす

→ 本冊 41ページ

❶ (1) 溶質　(2) 溶媒　(3) 水溶液
　(4) ①食塩（塩化ナトリウム）　②水
　(5) ①溶質　②透明　③均一

❷ (1) 青色
　(2)（例）水の質量＋硫酸銅の質量
　　　（水の質量と硫酸銅の質量の和）
　(3) イ

解説

❷ (2) 水にとけても溶質がなくなったわけではな
いので，水溶液の質量は水の質量と溶質
の質量の和になります。
　(3) 時間がたっても，水溶液の中では，溶質の
粒子が水の中に均一に広がったままです。

16 濃さの表し方

→ 本冊43ページ

❶ (1) 質量パーセント
(2) ①溶質　②溶液　③溶質
④・⑤溶媒・溶質

❷ A(と)E (順不同)

❸ (1) 15%　(2) 食塩 50g　水 200g

解説

❷ 質量パーセント濃度〔%〕

$$=\frac{溶質の質量〔g〕}{溶液の質量〔g〕}×100$$

$$=\frac{溶質の質量〔g〕}{溶媒の質量〔g〕+溶質の質量〔g〕}×100より,$$

それぞれの質量パーセント濃度は次のようになる。

A　$\dfrac{20g}{80g+20g}×100=20$より, 20%

B　$\dfrac{15g}{85g+15g}×100=15$より, 15%

C　$\dfrac{15g}{75g+15g}×100=16.6…$より, 約17%

D　$\dfrac{10g}{60g+10g}×100=14.2…$より, 約14%

E　$\dfrac{10g}{40g+10g}×100=20$より, 20%

❸ (1) $\dfrac{30g}{170g+30g}×100=15$より, 15%

(2) 溶質の質量〔g〕＝溶液の質量〔g〕×

$\dfrac{質量パーセント濃度〔%〕}{100}$ より,

食塩の質量は, $250g×\dfrac{20}{100}=50g$

溶媒の質量〔g〕＝
溶液の質量〔g〕－溶質の質量〔g〕より,
必要な水の質量は, $250g-50g=200g$

17 一定量の水にとける物質の量

→ 本冊45ページ

❶ (1) ①飽和　②飽和水溶液　(2) 溶解度

❷ (1) 168.8g　(2) 飽和　(3) 40.8g

解説

❷ (1) 溶解度は水100gにとかすことができる溶質の最大量で, 水100gには溶質を溶解度までとかすことができます。

(3) とけ残りの質量〔g〕＝加えた硝酸カリウムの質量〔g〕－溶解度〔g〕より,
$150g-109.2g=40.8g$

18 とけた物質のとり出し方

→ 本冊47ページ

❶ (1) ろ過　(2) ガラス棒
(3) とがった (長い)　(4) 結晶
(5) 再結晶

❷ (1) 68.8g　(2) 58g

解説

❷ (1) さらにとかすことのできる硝酸カリウムの質量〔g〕＝溶解度〔g〕－とかした硝酸カリウムの質量〔g〕より,
$168.8g-100g=68.8g$

(2) 出てくる硝酸カリウムの質量〔g〕＝とかした硝酸カリウムの質量〔g〕－冷やしたあとの水の温度での溶解度〔g〕より,
$80g-22.0g=58g$

おさらい問題 15〜18

→ 本冊48ページ

❶ (1) 溶質　(2) 溶媒　(3) 110g
(4) 9%　(5) ウ

解説

❶ (3) 水溶液の質量〔g〕＝溶媒の質量〔g〕＋溶質の質量〔g〕より, $100g+10g=110g$

(4) 質量パーセント濃度〔%〕＝
$\dfrac{溶質の質量〔g〕}{溶液の質量〔g〕}×100$より,

$\dfrac{10g}{110g}×100=9.0…$より, 9%

❷ (1) 5%　(2) 20%
(3) 10gの食塩を90gの水にとかせばよい。

解説

❷ (1) $\dfrac{5g}{100g}×100=5$より, 5%

(2) $\dfrac{20\text{g}}{80\text{g}+20\text{g}}\times100=20$ より，20％

(3) 必要な食塩の質量は，$100\text{g}\times\dfrac{10}{100}=10\text{g}$

必要な水の質量は，$100\text{g}-10\text{g}=90\text{g}$

❸ (1) 溶解度　(2) 飽和水溶液　(3) B
(4) A　(5) 再結晶

解説
❸ (3) 塩化ナトリウムは水の温度が変わっても，あまり溶解度が変化しません。
(4) 水の温度によって溶解度が大きく変わる物質は，水溶液の温度を下げて溶質をとり出すことができます。

物質編

4章
状態変化

19 状態変化と温度

➡ 本冊 51ページ

❶ (1) 沸点　(2) 融点　(3) 大きく
(4) ①小さく　②大きく

❷ (1) 63℃　(2) エタノール，水（順不同）

解説
❷ (1) 固体から液体になるときの温度が融点です。
(2) 表から，融点が20℃よりも低く，沸点が20℃よりも高い物質をさがします。

20 混合物の分け方

➡ 本冊 53ページ

❶ (1) ①純粋な物質（純物質）　②混合物
(2) 混合物　(3) 蒸留　(4) 低い

❷ (1) 蒸留　(2) 沸とう石

解説
❷ (2) 突然沸とうするのを防ぐため，沸とう石を入れます。

おさらい問題 19～20

➡ 本冊 54ページ

❶ (1) ①沸点　②融点
(2) ①ウ　②オ　③イ　④エ　⑤ア

解説
❶ (2) グラフが水平になっている温度では，状態が変わっています。

❷ 気体 酸素
液体 エタノール，水銀
固体 塩化ナトリウム，鉄

解説
❷ 沸点が20℃より低いものは気体，融点が20℃より高いものは固体です。沸点が20℃よりも高く，融点が20℃より低いものは液体になります。

❸ (1) A 固体　B 液体　C 気体
(2) a 加熱　b 冷却
(3) （例）状態が変わっても，物質をつくる粒子の数は変わらないから。

解説
❸ (1) 固体では，粒子が並んでほとんど動けません。液体になると，粒子の間隔が固体より広くなり，粒子が動けるようになります。さらに気体になると，粒子の間隔が広く，粒子が自由に飛び回ります。
(2) 加熱すると固体→液体→気体と変化し，冷却すると気体→液体→固体と変化します。

❹ (1) 沸とう石　(2) エタノール
(3) 沸点

解説
❹ (1) 沸とう石には小さな穴がたくさんあいていて，水などが急にわき立つのを防いでいます。
(2) 火がついたことから，エタノールが多くふくまれていることがわかります。
(3) 沸点の低いエタノールのほうが水よりも先に出てきます。

1章
光の進み方

21 光の進み方

→ 本冊 57ページ

❶ (1) 光源　(2) 直進　(3) 反射
(4) ①入射光　②反射光
(5) ①等しく　②反射

❷ (1) 入射角 b, 反射角 c
(2) (例) 等しくなる。

解説

❷ (1) 鏡の面に垂直な直線と入射光の間の角度を入射角, 反射光の間の角度を反射角といいます。

22 折れ曲がって進む光

→ 本冊 59ページ

❶ (1) 屈折　(2) ①<　②>

❷ (1) 図1 e　図2 b
(2) 図1 a　図2 d

解説

❷ (2) 光が空気中から水中へ進むときは, 屈折角は入射角よりも小さくなります。光が水中から空気中へ進むときは, 屈折角は入射角よりも大きくなります。

23 凸レンズを通った光の進み方

→ 本冊 61ページ

❶ (1) 焦点　(2) 焦点距離

❷ (1) c　(2) b　(3) a

解説

❷ (1) 光軸 (凸レンズの軸) に平行な光は, 反対側の焦点を通ります。
(2) 凸レンズの中心を通る光は直進します。
(3) 焦点を通った光は, 光軸に平行に進みます。

24 物体が焦点の外側にあるとき

→ 本冊 63ページ

❶ (1) ①外側　②実像
(2) ①離れた (遠い)　②大きい

❷ (1)

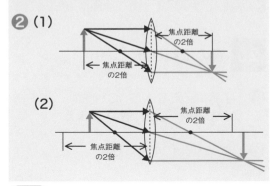

(2)

解説

❷ 凸レンズを通った光の進み方に注目します。
・光軸に平行な光→反対側の焦点を通る。
・凸レンズの中心を通る光→直進する。
・焦点を通る光→光軸に平行に進む。

25 物体が焦点の内側にあるとき

→ 本冊 65ページ

❶ (1) できない
(2) ①内側　②同じ　③虚像

❷ (1) A　(2) 実像　(3) C　(4) 虚像
(5) ①同じ　②大きな

解説

❷ (1)(2) 物体が焦点の外側にあるときは, 物体と上下左右が逆向きの実像ができます。
(3)(4) 物体が焦点の内側にあるときは, 凸レンズを通して, 物体と同じ向きの虚像が見えます。

9

エネルギー編

2章
音の性質

26 音の伝わり方

→ 本冊 67ページ

❶ (1) 音源（発音体）　(2) 振動
　　(3) ①振動　②波　(4) 止まる

❷ (1) 5100m　(2) 5秒後

解説

❷ (1) 音が伝わる距離〔m〕＝音の速さ〔m/s〕
　　　×音が伝わる時間〔s〕より，
　　　340m/s×15s＝5100m
　(2) 音が伝わる時間〔s〕＝
　　　$\dfrac{音が伝わる距離〔m〕}{音の速さ〔m/s〕}$より，
　　　$\dfrac{1700m}{340m/s}＝5 s$

27 音の大きさと高さ

→ 本冊 69ページ

❶ (1) 振幅　(2) ①振動数　②ヘルツ
　　(3) 大きく　(4) 高く

❷ (1) イ　(2) ウ　(3) 高くなる。

解説

❷ (1) 同じ大きさの音は振幅（振動のふれ幅）が
　　　等しくなります。
　(2) 同じ高さの音は振動数（1秒間に振動する
　　　回数）が等しくなります。
　(3) ことじを左に動かすと，振動する弦が短く
　　　なり，振動数が多くなります。

おさらい問題 21 ～ 27

→ 本冊 70ページ

❶ (1) ①　(2) ④　(3) ⑥　(4) 全反射

解説

❶ (1) 水面に垂直に入った光は，直進します。

(2) 光が水中から空気中へ進むときは，屈折角
　　＞入射角となります。
(3)(4) 光が水中から空気中へ進むときに，入
　　射角がある角度以上になると，全反射が起
　　こります。

❷①ア　②ウ　③イ

解説

❷ ①物体が焦点よりも外側にあるときは，スクリ
　　ーン上に上下左右が逆向きの実像ができま
　　す。
　②物体が焦点上にあるときは，像はできません。
　③物体が焦点よりも内側にあるときは，凸レンズ
　　を通して，物体と同じ向きの虚像が見えます。

❸①像の大きさ イ，できる位置 b
　②像の大きさ ウ，できる位置 a
　③像の大きさ ア，できる位置 c

解説

❸ ①物体が焦点距離の2倍より遠い位置にあると
　　きは，焦点と焦点距離の2倍の位置の間に，
　　光源よりも小さい像ができます。
　②物体が焦点距離の2倍の位置にあるときは，
　　焦点距離の2倍の位置に，光源と同じ大きさ
　　の像ができます。
　③物体が焦点と焦点距離の2倍の位置の間にあ
　　るときは，焦点距離の2倍よりも遠い位置に，
　　光源よりも大きい像ができます。

❹ (1) ①ウ　②イ，エ（順不同）　(2) 空気

解説

❹ (1) ①弦を弱くはじくと，振幅が小さくなりま
　　　すが，振動数は変わりません。
　　　②太い弦を使うと，振動数が少なくなります。
　　　弦をはじく強さによって，振幅が変わりま
　　　す。
　(2) 弦の振動によって，空気が振動し，波と
　　　なって広がり，耳まで伝わります。

3章
力のはたらき

28 力の大きさとばねののび

→ 本冊73ページ

❶ (1) ① 変形　② 支える
　　③ 動き（速さや向き）
　(2) 比例　(3) フック
　(4) ニュートン　(5) 100

❷ (1) ①20cm　②3N　③400g
　(2) 28cm

解説

❷ (1) ①1Nの力を加えると2cmのびるので，
　　　10Nの力を加えると，10倍の20cmの
　　　びます。
　　②ばねののびが1Nの力を加えたときの

　　　$\dfrac{6cm}{2cm}=3$　3倍になっているので，加え

　　　た力の大きさも3倍の3Nになります。
　　③ばねののびが1Nの力を加えたときの

　　　$\dfrac{8cm}{2cm}=4$　4倍になっているので，加え

　　　た力の大きさも4倍の4Nになります。
　　　100gの物体にはたらく重力の大きさが
　　　1Nなので，おもりの質量は，
　　　100g×4＝400g
　(2) 1Nの力を加えると3cmのびるので，6N
　　　の力を加えると，6倍の18cmのびます。
　　　よって，ばねの長さは，
　　　10cm＋18cm＝28cm

29 重力の大きさと質量

→ 本冊75ページ

❶ (1) 重さ　(2) 質量
　(3) ①重さ　②質量
　(4) ①重さ　②質量
　(5) ①重さ　②質量

❷ (1) 6N　(2) 1N　(3) 重さ
　(4) 600g　(5) 質量

解説

❷ (1) 地球上での物体の重さは，

　　　$1N×\dfrac{600g}{100g}=6N$

　(2)(3) ばねばかりではかることができるのは
　　　重さです。

　　　月の重力は地球の重力の$\dfrac{1}{6}$なので，

　　　月面上での物体の重さは，

　　　$6N×\dfrac{1}{6}=1N$

　(4)(5) 上皿てんびんではかることができるの
　　　は質量です。質量は，場所によって変化し
　　　ません。

30 力の表し方

→ 本冊77ページ

❶ (1) 作用点
　(2) ①・②作用点(力のはたらく点)・力の向き
　(3) ①向き　②長さ　(4) 10cm
　(5) 中心

❷ (1)
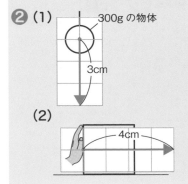

解説

❷ (1) 物体にはたらく重力の作用点は，物体の中
　　　心にします。300gの物体にはたらく重
　　　力の大きさは3Nなので，矢印の長さは
　　　3cmにします。
　(2) この場合の作用点は，手と物体が接してい
　　　る面の中心です。1Nの力の大きさを1cm
　　　とするので，4Nの力の大きさは4cmの矢
　　　印で表します。

31 1つの物体にはたらく2つの力

→ 本冊 79ページ

❶ (1) つり合って
(2) ①等しく（同じで）　②反対（逆）
③一直線

❷ A×　B×　C○

❸ (1) 垂直抗力　(2) 5N

解説

❷次の条件がそろっているとき，2力はつり合っています。

・大きさが等しい。
・向きが反対である。
・一直線上にある。
A　力Xと力Yが一直線上にありません。
B　力Yのほうが力Xよりも大きくなっています。

❸(1) 垂直抗力は，面から物体に対して垂直にはたらく力です。
(2) 重力と垂直抗力はつり合っているので，大きさが等しくなります。

おさらい問題 28 〜 31

→ 本冊 80ページ

❶ (1) 右の図
(2) 12.0cm
(3) 2.5N
(4) 24.0cm

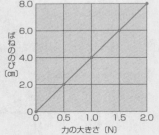

解説

❶(1) ばねののびは力の大きさに比例するので，グラフは原点を通る直線になります。
(2) 1.0Nの力を加えると4.0cmのびるので，3.0Nの力を加えると，3倍の12.0cmのびます。
(3) 1.0Nの力を加えると4.0cmのびるので，$\dfrac{10.0cm}{4.0cm}$ 倍の10.0cmのばすのに必要な

力の大きさは，$1.0N×\dfrac{10.0cm}{4.0cm}=2.5N$

(4) 600gのおもりにはたらく重力は6Nなので，ばねののびは，4.0cm×6＝24.0cm

❷ イ, ウ, カ

解説

❷物体にはたらく重力の大きさを，重さといいます。重さは，地球上や月面上など場所によって変化し，ばねばかりなどではかることができます。

❸ (1)①重さ 6N, 質量 600g
②重さ 1N, 質量 600g
(2) 重さ 18N, 質量 1800g (1.8kg)

解説

❸(1) ①重さの単位はニュートン（N），質量の単位はグラム（g）やキログラム（kg）など。
②質量は月面上でも変化しません。重さは

約 $\dfrac{1}{6}$ になるので，$6N×\dfrac{1}{6}=1N$

(2) 地球の重力は月の重力の6倍になります。よって，月面上で3Nの物体の地球上での重さは，
3N×6＝18N
100gの物体にはたらく重力の大きさが1Nなので，重さ18Nの物体の質量は，
100g×18＝1800g

❹ (1)

(2) 摩擦力
(3) 大きさ 50N, 向き 左 (向き)

解説

❹(1) 手と物体が接しているところを作用点として，5cmの矢印を右向きにかきます。
(2)(3) 人がおす力と摩擦力がつり合っているため，物体が動きません。よって，摩擦力の大きさは人がおす力と等しく，向きは反対向きです。

1章
火山と火成岩

32 マグマの性質と火山

→ 本冊83ページ

❶ (1) マグマ　(2) 大きい
(3) 小さい　(4) 激しく
(5) おだやか　(6) 白っぽく
(7) 黒っぽく

❷ (1) ア　(2) ア　(3) ウ

解説
❷ (1) マグマのねばりけが大きいと，傾斜が急で盛り上がった形になります。
(2) マグマのねばりけが大きいと，マグマの中にできた泡が抜けにくく，破裂して爆発的な噴火になることがあります。

33 火山から出てくるもの

→ 本冊85ページ

❶ (1) 水蒸気　(2) 火山灰　(3) 軽石
(4) 溶岩　(5) 鉱物
(6) ①チョウ石　②無色　③有色

❷ (1) イ，ウ，オ（順不同）　(2) ウ　(3) イ

解説
❷ (3) セキエイは無色・白色，クロウンモは黒色・褐色，チョウ石は白色・うす桃色，カクセン石は濃い緑色・黒色です。

34 火成岩のつくり

→ 本冊87ページ

❶ (1) 火成岩　(2) 火山岩　(3) 深成岩
(4) ①斑晶　②石基　③斑状
(5) 等粒状

❷ (1) B　(2) 斑状組織　(3) 等粒状組織
(4) a 石基　b 斑晶

解説
❷ (1)～(3) 深成岩は等粒状組織（B）をもちます。一方，火山岩は斑状組織（A）をもちます。
(4) 比較的大きな鉱物（b）を斑晶，そのまわりの部分（a）を石基といいます。

35 火成岩と鉱物の種類

→ 本冊89ページ

❶ (1) ①安山岩　②火山岩
(2) ①花こう岩　②深成岩
(3) ①白っぽく　②黒っぽい
(4) ①無色　②白っぽい
③有色　④黒っぽい

❷ (1) A 火山岩　B 深成岩
(2) ①ア　②イ　③エ　④ウ

解説
❷ (1) 流紋岩，安山岩，玄武岩は，マグマが地表または地表近くで急に冷え固まってできた火山岩です。花こう岩，せん緑岩，はんれい岩は，マグマが地下深くでゆっくり冷え固まってできた深成岩です。
(2) マグマのねばりけが大きいほど無色鉱物が多く，白っぽい火成岩ができます。マグマのねばりけが小さいほど有色鉱物が多く，黒っぽい火成岩になります。

おさらい問題 32 ～ 35

→ 本冊90ページ

❶ (1) B　(2) A　(3) A イ　B ウ

解説
❶ (1) 火山Aはマグマのねばりけが小さくて流れやすいため，うすく広がって傾斜がゆるやかになっています。
(2) マグマのねばりけが小さいほど，溶岩の色が黒っぽくなります。

❷ (1) マグマだまり　(2) 水蒸気
(3) 溶岩

解説
❷ (2) 火山ガスの主成分は水蒸気で，ほかに二酸化炭素や硫化水素などをふくみます。

(3) マグマが地表に流れ出た液体状のものだ
けでなく，冷え固まったものも溶岩といい
ます。

③ (1) A 斑状組織　B 等粒状組織
(2) B
(3)（例）マグマが地下深いところでゆっ
くり冷やされてできた。

解説
③ (1) Aは，斑晶のまわりを石基が囲んでいるので，
斑状組織，Bは同じぐらいの大きさの鉱物
が集まっているので，等粒状組織です。
(2)(3) 花こう岩は深成岩で，マグマが地下深
くでゆっくり冷やされたので，鉱物がじゅう
ぶんに成長して等粒状組織をもちます。

④ (1) a オ　b イ　c エ　d ア
(2) e 安山岩　f 玄武岩

解説
④ (1) セキエイ (a)，チョウ石 (b) は無色鉱物で
す。花こう岩にふくまれるおもな鉱物は，
セキエイ，チョウ石，クロウンモ (c) です。

地球編
2章
地震

36 地震のゆれ
→ 本冊 93ページ

① (1) ①震源　②震央
(2) 深さ
(3) ①初期微動　②主要動
(4) ①P波　②S波

② (1) ①A　②B
(2) A 初期微動　B 主要動
(3) A P波　B S波

解説
② (1) 地震が最初に起こった地下の場所 (A) を
震源，震源の真上の地表の地点 (B) を震

央といいます。
(2) はじめの小さなゆれ (A) を初期微動，あ
とからくる大きなゆれ (B) を主要動といい
ます。
(3) P波とS波は震源で同時に発生しますが，
P波のほうが速く伝わります。

37 ゆれの伝わり方・ゆれの大きさ
→ 本冊 95ページ

① (1) 初期微動継続時間　(2) 長く
(3) ①10　②震度　(4) 小さく
(5) マグニチュード　(6) 広く

② (1) 初期微動継続時間　(2) B　(3) A
(4) マグニチュード

解説
② (1) 初期微動がはじまってから主要動がはじま
るまでの時間を初期微動継続時間といいま
す。
(2) 主要動が大きいほど震度が大きくなります。
(3) 震源距離が長いほど初期微動継続時間は
長くなります。

38 日本付近の地震
→ 本冊 97ページ

① (1) プレート
(2) ①太平洋　②海洋（海の）
(3) ①北アメリカ　②大陸（陸の）
(4) ①海洋（海の）　②大陸（陸の）
(5) 境界　(6) 深く

② (1) A 大陸プレート　B 海洋プレート
(2) ア

解説
② (1) 日本列島をのせているプレート (A) が大
陸プレート，太平洋にあるプレート (B) が
海洋プレートです。
(2) 海洋プレートは，大陸プレートの下に沈み
こんでいます。

39 地震が起こるしくみ

→ 本冊 99ページ

❶ (1) 海溝型　(2) 津波　(3) 活断層
　(4) 内陸型　(5) 内陸型

❷ (1) ①海洋　②大陸　(2) 海溝型地震

解説
❷ (1) 沈みこむ海洋プレートによって大陸プレートが引きずられ, 周囲にひずみがたまり, やがてひずみにたえきれなくなって岩石が破壊されることで地震が起こります。

地球編

3章
地層からわかる大地の変化

---

40 地層のでき方

→ 本冊 101ページ

❶ (1) 風化　(2) 侵食　(3) 運搬
　(4) 堆積
　(5) ①細かい (小さい)
　　②遠く (離れたところ)

❷ (1) ①侵食　②運搬　③堆積
　(2) ① B　② B　③ A

解説
❷ (2) 侵食と運搬は, 水の流れが急なところでさかんに行われます。堆積は, 水の流れがゆるやかなところでさかんに行われます。

---

41 地層をつくる岩石

→ 本冊 103ページ

❶ (1) ①れき岩　②砂岩　③泥岩
　(2) チャート
　(3) ①石灰岩　②チャート
　(4) 凝灰岩　(5) 凝灰岩
　(6) ①示相化石　②示準化石

---

❷ (1) A 古生代　B 中生代
　(2) 示準化石

解説
❷ (1) Aはサンヨウチュウ, Bはアンモナイトの化石です。
　(2) 次の表は代表的な示準化石です。

古生代	中生代	新生代
サンヨウチュウ	アンモナイト	ビカリア
フズリナ	恐竜	マンモス

---

42 大地の変化

→ 本冊 105ページ

❶ (1) ①隆起　②沈降　(2) 隆起
　(3) 沈降　(4) 断層　(5) しゅう曲

❷ (1) しゅう曲　(2) 隆起

解説
❷ (2) 海底に堆積した地層が陸上で見られるのは, 土地が隆起したためと考えられます。

---

43 地層の広がり

→ 本冊 107ページ

❶ (1) 露頭　(2) 柱状図
　(3) 古い　(4) 深く
　(5) ①火山灰　②かぎ層

❷ (1) 柱状図　(2) A
　(3) (例) 火山の噴火があったこと。
　(4) 深くなった。

解説
❷ (1) 地層の重なり方を柱状の図にしたものを, 柱状図といいます。
　(2) 離れた地層を比較するときに利用する層をかぎ層といいます。噴火の際, 火山灰は上空の風にのって遠くまで運ばれるので, 火山灰の層はかぎ層になります。
　(4) ふつう地層は下にあるものほど古いので, D→C→Bの順に堆積したと考えられます。粒の細かいものほど河口から遠くまで運ばれます。堆積するものの粒がしだいに細かくなっているので, この付近の水深はだんだん深くなったと考えられます。

44 自然の恵みと火山災害・地震災害

→ 本冊 109ページ

❶ (1) 火砕流　(2) 広い
　 (3) 溶岩流　(4) 津波
　 (5) 地すべり　(6) 液状化 (現象)

❷ (1) ア, イ (順不同)　(2) ウ, エ (順不同)

解説

❷ (1) 地すべりは地震などによって，傾斜の急な場所の斜面がそのまま低い方向へ移動する現象，液状化は地震のゆれによって，土地が急にやわらかくなる現象です。
　 (2) 火砕流は，溶岩の破片や火山灰などが高温の火山ガスとともに，山の斜面を高速で流れ下りる現象です。溶岩流は，地下のマグマがどろどろにとけた溶岩となって，山の斜面を流れ下りる現象です。

おさらい問題 36〜44

→ 本冊 110ページ

❶ (1) a 初期微動　b 主要動
　 (2) b　(3) 大きくなっている。

解説

❶ (2) 初期微動 (a) はP波によるゆれ，主要動 (b) はS波によるゆれです。
　 (3) ふつう，震源に近いほど震度が大きくなります。

❷ (1) プレート
　 (2) ①ア　②イ　③イ　④ア

解説

❷ (2) 図より，震源は日本海側よりも太平洋側に多く分布していることがわかります。これは，太平洋側で，海洋プレートが大陸プレートの下に沈みこんでいるからです。また，震源の深さは，太平洋側から日本海側にいくにしたがって深くなっていることもわかります。これは，沈みこむ海洋プレートに沿って地震が起こるからです。

❸ (1) 柱状図　(2) イ　(3) d　(4) e
　 (5) (例) 火山の噴火　(6) イ

解説

❸ (2) アンモナイトの化石は，中生代の代表的な示準化石です。
　 (3) 下にあるd層のほうがb層よりも堆積した時代が古いと考えられます。
　 (5) 凝灰岩は，堆積した火山灰などの火山噴出物がおし固められてできたものです。
　 (6) d層→c層→b層の順に堆積したと考えられるので，堆積するものがだんだん大きくなっています。よって，海水面が下降し，海底までの距離が浅くなったことがわかります。